移动向前的步伐 享受拼搏的意义

奋斗一生

主编 拾 月
编著 陈志华

图书在版编目（C I P）数据

移动向前的步伐 享受拼搏的意义：奋斗一生 / 陈志华编著. -- 北京：现代出版社, 2015.4（2024.9重印）

ISBN 978-7-5143-3517-0

Ⅰ. ①移… Ⅱ. ①陈… Ⅲ. ①成功心理－青少年读物 Ⅳ. ①B848.4-49

中国版本图书馆 CIP 数据核字(2015)第 067934 号

移动向前的步伐 享受拼搏的意义：奋斗一生

主　　编 拾 月
编　　著 陈志华
责任编辑 王敬一
内文制作 诚美天下文化传播有限公司
出版发行 现代出版社
地　　址 北京市安定门外安华里 504 号
邮　　编 100011
电　　话 (010)64267325
传　　真 (010)64245264
邮　　箱 xiandai@cnpitc.com.cn
网　　址 www.1980xd.com
印　　刷 唐山富达印务有限公司
开　　本 700mmx1000mm　1/16
印　　张 9
版　　次 2015 年 5 月第 1 版　2024 年 9 月第 4 次印刷
书　　号 ISBN 978-7-5143-3517-0
定　　价 57.00 元

前言

青少年是社会最宝贵的财富，是人类的希望和未来，正所谓“少年强则国强”。正因为如此，大至一个国家、一个民族，小至一个家庭、一个家族，都特别重视青少年的教育问题。希望他们成为社会的中坚，家族的骄傲。一句话，就是希望他们成为成功的人。于国，能成为有用的人才；于家，能成为顶梁柱。不仅仅要学习好，还要有辨别人世间的善、恶、美、丑的能力。在每个人的人生中，除了需要自身的因素之外，还需要拥有感受世界的能力。

奋斗、入迷，能够凝结青春的斗志，坚定自己的思想，让青少年变得愈加阳光朝气。

愤怒、恐惧，能够学会操控自己的情绪，让自己无所畏惧的前行。

哀伤、困惑，能够端正青少年人生态度，获得积极的正能量。

时间、低调，能够规划行动，懂得韬光养晦，让人生不在纠结、忧郁中度过。

成就、心态，能够体会到收获的喜悦，修炼出一颗无比强大的内心。

青春，是每一个人最美好的一段时光，也是每个人人格、性格定型的重要阶段，在这个时期，我们需要享受青春的快乐，同时也需要完成自我塑造。通过心理自助，最终从一个小男生、小女生逐渐成长为一个有着健全人格的人，成长为一个对社会、对家庭、对自我有着相对完整认知的人，成长为能够为自己的未来做主的人。这才是一个最充实、最有价值的青春。每个梦想都值得我们认真对待，每个青少年都是未来的希望。在青春之中，我们不仅要有欢乐，同时也要拥有未来！

本丛书是你化解烦恼的“心灵鸡汤”，可以给你增加快乐的心理自助法则；本丛书会让你认识到：掌控心理，方能掌控世界；改变自己，才能改变一切。本丛书还将告诉你：只有实现积极的心理自助，才能收获快乐而充实的青春。

目录

第一篇 勇于拼搏：认准了，就请大胆前行

第二篇 重视资本：健康的种子能开出生命之花

第三篇 懂得合作：团结的力量是温暖无比的

目录

发挥智慧：走一条属于自己的奋斗之路

第五篇 放下包袱：路再艰难，也要一路欢歌

第一篇

勇于拼搏：认准了，就请大胆前行

青春在奋斗中才能展现美丽，正拥有青春的我们，何不以勇敢盖过怯懦，以进取压倒苟安?扬起奋斗的帆吧！在波涛汹涌的大海中不断前行，展示我们这一代人青春的壮美与力量，让我们就像雄鹰一样搏击长空吧！让青春之歌扬出昂扬的旋律！

允许自己怀揣一颗不安分的心

故事话题

李嘉诚是一个不安分的人。之前，他在一家五金厂做推销员，但在打开市场后就跳槽去了一家塑胶公司，很快又成为这家公司出类拔萃的推销员。他在 18 岁的时候当上了部门经理，20 岁的时候升职为总经理，深得公司老板器重。然而，正当他春风得意的时候，他竟然再一次选择了跳槽了！

1946 年的上半年，香港经济迅速恢复到战前最好年景 1939 年的水平。战时遭破坏的工厂都已恢复生产，香港人口激增至一百多万。在这个大环境之下，中南钟表公司的业务有了长足的发展，营业额呈几何级数递增。

在这个时候，李嘉诚毅然放弃了稳定安逸的工作，选择了“行街仔”[走街串巷]生涯，他说，他一生最好的经商锻炼，是做推销员。

在此之后，李嘉诚依然怀揣着一颗不安分的心做了很多令大家所不理解的决定，但是他的人生之路却越走远宽广，成为亚洲首富。

故事解析

孔子言：“饱食终日而无所用心，难矣哉！”就是说：如果让一个人吃饱喝足之后，什么都不做，那真是太难为他了！人有时候就应该允许自己怀揣一颗不安分的心。过于安逸的生活会将我们的激情消耗掉。

所谓不安分，就是找出一条最适合自己走的路，找到最适合自己做的事，全心投入，努力奋斗，然后走向成功。

当然，不是所有不安分的人都能取得成功，但要想取得成功，就必须具备这种不安分的气质。动，然后才能有成功；不动，只会永远安于现状。

故事穿越

汉高祖刘邦是农民的儿子，他不种田，却终日忙于结交各方朋友，家境不宽裕，却喜欢施舍别人。在起义前，他并不知道自己的一生究竟应该如何走下去，但那颗不安分的心始终在他的体内跳动。在历史提供的机遇面前，刘邦那独特的气质有了用武之地，结果成就了一番霸业。

新东方创始人俞敏洪的性格当中，同样有这种明显的特征——不安分。俞敏洪曾这样说道："我发现成功人士都有一个特质，就是不安分。比如我父辈当中的很多成功者，都是随着改革开放放弃了原来的铁饭碗，只身闯荡江湖。但这绝对不是什么'懂得放弃'的精神，而是因为他们不安分，不满足于眼前安稳的现状——我就遗传了这样的'不安分基因'。"

故事微语

历史上许多成功者都怀揣有一颗不安分的心。他们往往具有反社会的共同心理，逆社会规则而上，做着“不合时宜”的事，却最终获得了成功。

有人曾这样认为：“这个社会的结构在于延续和稳定，既然生存于这个社会当中，就要学会遵守必要的社会规则，不能太出格；但只是老老实实地遵守规则，是没办法推陈出新的，要想在规则中胜出，就必须敢于打破一些社会规则。”这其中也有一定的道理，有一颗不安分的心往往是具有创新精神，敢于拼搏奋斗的人，他们往往在认准一件事情之后，便会大胆的执行。

心灵箴言

必须在奋斗中求生存，求发展。

——茅盾

人类要在竞争中求生存，更要奋斗。

——孙中山

奋斗这一件事是自有人类以来天天不息的。

——孙中山

用奋斗书写无悔青春

故事话题

诸葛亮少年时代，从学于司马徽，因为诸葛亮学习刻苦，勤于用脑，所以不但得到司马徽的赏识，连司马徽的妻子也很喜欢这个勤奋好学，善于思考的少年。

那时，钟表还没有发明，记时用日晷，但是如果遇到阴雨天没有太阳的话，时间就不好掌握了。为了记时，司马徽开始训练公鸡按时鸣叫，而训练它们的方法就是定时喂食。为了学到更多的东西，诸葛亮想让司马徽把讲课的时间延长一些，但司马徽总是以鸡鸣叫为准，于是诸葛亮想：若把公鸡鸣叫的时间延长，司马徽讲课的时间不就延长了吗？于是他上学时便将一些粮食装在口袋里，估计公鸡快叫的时候，就喂它一点粮食，公鸡一吃饱就不叫了。

过了一些时候，司马徽感到奇怪，为什么公鸡不按时叫了呢？经过仔细观察，发现诸葛亮在公鸡快叫的时候便给它喂粮食。司马徽刚开始很恼怒，但之后还是被诸葛亮的好学精神所感动，反而对他更关心、更器重，对他的教育也就更毫无保留了。而诸葛亮也就更勤奋了。通过司马徽的悉心教导，加上诸葛亮自己的努力，他终于成为了一个上知天文，下识地理的饱学之人。

故事解析

我们只有奋发图强，努力奋斗才能无愧于青春，无愧于人生。奋斗的青春是美好的风景，正是那千万颗在青春中奋斗的心，以及千万双在天空中高飞的翅膀，装扮着最珍贵的人生季节——青春。

“恰同学少年，风华正茂，书生意气，挥斥方遒。”昭示着一代伟人奋斗的青春。他们的青春因充满奋斗和激情而洋溢着美好，而今，我们也正值青春年华之中，我们不能在叹息声中虚度光阴，让我们从现在开始奋发图强吧！让青春之花永远绽放在我们心中。

故事穿越

一天半夜，孙康从睡梦中醒来，发现窗缝里透进一丝光亮。原来那是大雪映出的光。他认为可以利用这些光亮来看书。于是顿时就没有了倦意。孙康立即起身穿好衣服，取出书籍，来到屋外。宽阔的大地上映出的雪光，比室内要亮多了。孙康不顾寒冷地看起书来，手脚冻僵了，便起身跑一跑，搓搓手指来让自己变得暖和一点。此后，每逢有雪的晚上，他就利用这个好机会，孜孜不倦地读书。这种苦学的精神，促使他的学识突飞猛进，成为饱学之士。后来，他取得了很大的成就。

车胤从小便特别爱读书学习，但是由于家境贫困，父亲无法为他提供良好的学习环境。因为没有多余的钱买灯油供他晚上读书，车胤只能利用白天的时间来背诵诗文。夏天的一个晚上，车胤正在院子里背一篇文章，忽然看见许多萤火虫在低空中飞舞。一闪一闪的光点，在黑暗中显得有些耀眼。车胤想：如果把许多萤火虫集中在一起，不就成了一盏灯了吗？于是，他找来了一只白绢口袋，随即抓了几十只萤火虫放在里面，再扎住袋口，将它吊了起来。虽然不是特别明亮，但是可以用来勉强看书了。从此，只要有萤火虫，车胤就去抓一把来当作灯用。由于他勤奋好学，终于有了很大的成就，官至御史大夫。

这就是囊萤映雪的故事。

故事微语

奋斗抒写无悔青春，在漫漫人生道路上，我们要把握好青春的每一天，在激流中涌进，不断拼搏。

雷锋曾经说过："青春啊，永远是美好的，可是真正的青春，只属于那些永远力争上游的人，永远忘我劳动的人，永远谦虚的人！"唯有奋斗，为自己的梦想不断努力，朝着自己的目标不断迈进的人才能拥有一个无悔的青春。

在青春的世界里，让我们像江河一样，向着大海不断奔流吧！在青春的道路上，留下奋斗的足迹，用奋斗扬起青春的船帆。当我们努力拼搏奋斗的时候，成功也就会在不远处向我们招手。

心灵箴言

奋斗是万物之父。

——陶行知

奋斗之心人皆有之。

——李叔同

奋斗以求改善生活，是可敬的行为。

——茅盾

抓住人生中可以放手一搏的机会

故事话题

洛克菲勒出生在美国东北部的一个小村庄，家境贫寒。幼年时，曾将别人送他的一对火鸡精心喂养成群，然后选出长得比较好的火鸡在集市上出售。12 岁时便已经积攒了 50 美元，他把这笔钱借给邻居，收取本息。洛克菲勒在克利夫兰商业学校毕业后，曾任一个运输公司的会计一职，3 年之内便积攒了 900 美元。他没有参加南北战争，却在战争中捞取了 1.7 万美元的利益。

23 岁时，洛克菲勒到了钻出美国第一口油井的石油城，经实地考察，决定从事风险不大、不会亏本的炼油业。第二年洛克菲勒与他人合资 7 万美元在克利夫兰建立了一家大炼油厂，采用可提炼出优质油的新技术，从而将竞争者远远地甩在了后面，获利 100%。

1870 年，洛克菲勒把两座炼油厂和石油输出商行合并了，创建了俄亥俄美孚石油公司。之后用了不到两年的时间，洛克菲勒吞并了该地区 20 多家炼油厂，控制了该州 90%炼油业、全部主要输油管及宾夕法尼亚铁路的全部油车，又接管了新泽西一铁路公司的终点设施，迫使纽约、匹兹堡、费城的石油资本家纷纷拜倒在其脚下。

接着，为控制全国石油工业，洛克菲勒操纵纽约中央铁路公司和伊利公司同宾夕法尼亚公司开展铁路运费方面的竞争。结果，在 8 年内，美孚石油公司炼油能力从占全美 4%猛增到 95%。美孚公司几乎控制了美国全部工业和几条大铁路干线。1882 年，美孚石油公司成为美国历史上的第一个托拉斯。

之后，洛克菲勒财团又形成由花旗银行、大通——曼哈顿银行等四家银行和三家保险公司组成的金融核心机构，这个机构控制了全国银行资产的 12%和全国保险业资产的 26%，洛氏家族通过它们影响了整个美国的工业企业决策。

1896 年，57 岁的洛克菲勒退休了。退休后，他几乎将自己全部的精力放到了发展慈善事业上。从 19 世纪 90 年代开始，洛克菲勒每年的捐献

都超过 100 万美元。1913 年，洛克菲勒设立了“洛克菲勒基金会”，专门负责捐款工作，捐款总额高达 5 亿美元之多。迄今为止，这个基金会共培养了 3 位国务卿、12 位诺贝尔医学奖获得者和众多科学家。被称为“亚洲第一流医学院”的北京协和医院，也是“洛克菲勒基金会”捐款修建的。

故事解析

有首歌里唱道：“三分天注定，七分靠打拼。”这其中也有一定的道理，没有谁的财富是不用经过努力换来的，天下没有免费的午餐。

成功，往往产生于努力之下。做人，何妨放手一搏！一个不愿冒任何风险的领导者，终将一事无成。经营企业需要有很大的胆识和冒险精神，如果在商机出现时不敢大胆一搏，可能就丧失了赢得成功的契机。

放手一搏并不是让我们无知鲁莽地冒险。我们搏的不是运气，搏的是建立在科学分析、理智思考和周密准备的基础之上的智慧和勇气。

故事穿越

2005 年，第 30 届日本名人战挑战赛七番胜负第 7 局决战在日本伊豆市落下帷幕。卫冕名人张栩九段执白 176 手中盘战胜挑战者小林觉九段蝉联名人位。首次打入名人战挑战赛的小林觉九段虽然在三连败之后连扳 3 局，却在最后的决胜局中功亏一篑。

第 7 局比赛的伊豆市历来围棋人才辈出，这次是第 10 次迎来名人战。1993 年，小林光一九段在此力克大竹英雄九段，保住了名人位。本次比赛，执黑先行的小林觉九段从序盘起便下得颇有气势。尤其是封盘黑 87 的大胆打入，出招之凌厉完全出乎观战室所料，将优势牢牢把握。在第一天比赛结束后，黑棋形势被普遍看好。

第二天，比赛原地重开。至白 114 手，始于首日的激烈攻防告一段落，盘面呈持久战状态。担任解说的片冈聪九段分析道：“已经进入收官，终盘双方都不可掉以轻心。关键看黑子在左边能否合围。”

不料，黑棋却很快出现闪失。白126手发起了一场激战，引起观战室一片惊呼。这是极为冒险的一招，成败在此一举。对此，赛后裁判长淡路修三九段称赞道："一般人下到此处，往往会在收官中保稳。然而张栩名人却不惜出险招，冒险一搏。这是凝其多年功力的一手，从而将名人位牢牢抓在自己手中。"接下来，黑棋选择了阻击之路，成为名人战争夺的分水岭。激战蔓延至整个左盘。战斗尾声时，黑棋大势已去。

赛后，张栩名人说："这是我第一次蝉联名人位，赢在运气。事实上后半程连输三局，败势十足。最后一局我一心只想放手一搏，并没有去考虑胜负。"

故事微语

因害怕失败而不敢放手一搏，永远不会获得成功。人生总会遇到几次重要的机遇，只要勇敢、智慧地把握这些机遇，就有可能成就不凡的事业，而这需要我们在关键时刻具有放手一搏的勇气。

成功的路上风风雨雨，荆棘密布，唯有勇者方可取胜。很多成功者之所以能够白手打天下，就是因为他们具有敢为天下先的超人胆识，有放手一搏的意识。经济学家樊纲曾经说过："企业家精神就是创新精神，创新精神就是冒险加理智。"我们从现在起就应锻炼自己抓住机遇放手一搏的能力，以便在机会来临时可以牢牢把握住。

心灵箴言

人生的道路虽然漫长，但紧要处往往只有几步。

——路遥

作一事，便须全副精神，注在此事，首尾不懈，不可见异思迁。

——曾国藩

航海远行的人，必先定个目的地，中途的指针，总是指着这个方向走，恐怕永无达到的日子。

——李大钊

怀抱希望，荆棘变坦途

故事话题

当年，美国有一家报纸曾刊登过一则园艺所重金征求纯白金盏花的启事，在当地引起了一时的轰动。

高额的奖金让许多人跃跃欲试，但在千姿百态的自然界中，金盏花只有金色和棕色两个品种，想要培植出白色的，并不是一件容易的事情。所以许多人在一阵心血来潮之后，就把那则启事抛到九霄云外去了。

一晃20年过去了，一天，那家园艺所意外地收到了一封热情的应征信和1粒纯白金盏花的种子。当天，这件事便不胫而走，引起了轩然大波。

寄应征信和种子的是一个年已古稀的老人。她是一个地地道道的爱花人。

当这个老人在20年前偶然看到那则启事后，便怦然心动。她不顾八个儿女的一致反对，执意开始干了起来。她撒下了一些最普通的种子，精心侍弄。

一年之后，金盏花开了，老人从那些金盏花中挑选了一朵颜色最淡的，任其自然枯萎，以取得它的种子。次年，老人又把这个种子种了下去。然后，再从这些花中挑选出一朵颜色更淡的花的种子栽种……日复一日，年复一年。终于，在20年后的一天，她在那片花园中看到一朵金盏花，它不是近乎白色，也并非类似白色，而是如银如雪的白色。

故事解析

一个连专家都解决不了的问题，在一个不懂遗传学的老人手中迎刃而解，这是奇迹吗？当年曾经那么普通的一粒种子，或许很多人的手都曾捧过，只是他们少了一份对希望之花的坚持与捍卫，少了一份以心为花圃、以血为泉水的培植与浇灌，才使他们的生命错过了一次最美丽的花期。将种子种在心里，即使是最普通不过的一粒种子，也能产生奇迹！

希望就是力量。在很多情形下，希望可以产生强大的力量。一个人只要有希望，在未来的某一天，他就可能实现自己的梦想；而如果他一开始就对自己不抱什么希望，那他在起点就已经丧失拥有一切的可能性了！

故事穿越

一个心理学专家曾做过一个试验：

将两只大白鼠丢入一个装了水的器皿中，它们会拼命地挣扎求生，一般在 8 分钟左右的时候，大白鼠们便体力不支了。然后，在同样的器皿中放入另外两只大白鼠，在它们挣扎了 5 分钟左右的时候，放入一个可以让它们爬出器皿的跳板，这样，这两只大白鼠就得以活下来。

若干天后，再将这两只大难不死的大白鼠放入同样的器皿，结果让人大吃一惊：两只大白鼠竟然坚持了 24 分钟——3 倍于一般情况下能够坚持的时间！

同样是为了生存下去，照理说这些大白鼠应该在强大的求生本能推动下，不拼尽最后一丝力气也不会放弃。它们的体质、健康状况、年龄都是类似的，为什么却会出现如此巨大的差异呢？

这个专家解释说：虽然这些大白鼠的身体状况是类似的，但它们的心理状态却有很大的差异。前面两只大白鼠，因为没有逃生的经验，所以它们只能凭自己原本的体力来挣扎求生；而有过逃生经验的大白鼠却多了一种精神力量，这些大白鼠相信在未来的某个时刻，一个跳板就能把它们救出去，正是因为这种精神力量的存在，使得它们能够坚持更长的时间。而这种精神力量，就是积极心态的力量，就是希望的力量。

故事微语

带着希望上路，并为心中的希望付出努力，那么我们在人生的路上就一定会创造出奇迹。很多时候，困难与失败并不可怕，可怕的是一个人失去对未来的希望，失去与困难和失败斗争的勇气。

希望带来美好，美好的希望让人对未来充满无限向往。有希望就会产生无穷的动力，我们对任何事情都应该饱含希望，把希望进行到底。同时，我们也要时刻提醒自己，希望只是希望，只有用勤奋去浇灌，才能盛开希望之花，得到希望之果。

心灵箴言

青年应当有朝气，敢作为。

——鲁迅

青年之文明，奋斗之文明，也与境遇奋斗，与时代奋斗，与经验奋斗。故青年者，人生之玉，人生之春，人生之华也。

——李大钊

为世界进文明，为人类造幸福，以青年之我，创造青春之家庭，青春之国家，青春之民族，青春之人类，青春之地球，青春之宇宙，资以乐其无涯之生。

——李大钊

懂得付出的人自然能有所收获

故事话题

80多年前的一个冬天，美国青年哈默跟随一群流亡者来到了南加州沃尔逊的小镇上。镇长杰克逊大叔为一批又一批的流亡者送去食物，这些流亡者无一例外地接到食物便大口大口地吃起来。

但唯独哈默没有马上就吃，他坚持先给杰克逊干点活再吃东西。杰克逊告诉他，没有什么活儿可以做。哈默有些失望，他说："先生，那我便不能随便吃您的东西，我不能没有经过劳动，便平白得到这些东西！"

杰克逊让他先吃些食物，再给他派活儿干。但哈默坚持做完活儿再吃饭。杰克逊十分赞赏地望着哈默，思索片刻后说："小伙子，你愿意为我捶捶背吗？"说完，就蹲在那个青年人跟前。哈默于是也蹲下来，十分认真地给杰克逊大叔轻轻地捶起背来。

捶了几分钟后，杰克逊大叔十分惬意地站起来对哈默说："好了，小伙子，你捶得棒极了，刚才我的腰还不舒服，可现在，它舒服极了。"杰克逊大叔说完，将食物递给了哈默。哈默立即狼吞虎咽地吃了起来。

杰克逊大叔微笑着注视着哈默说："小伙子，我的庄园现在太需要人手了，如果你愿意留下来的话，那我可就太高兴了。"于是，哈默便留了下来，很快成为了杰克逊大叔庄园里的一把好手。两年过后，杰克逊大叔把自己的女儿玛格珍妮嫁给了哈默。20多年后，哈默成为美国石油大王。

故事解析

俗话说：“聪明的人，总是懂得自己先付出，才能有所收获。”你付出了真诚，便会收获到友谊；你付出了努力，便会收获到成功。先付出，后收获，这也是大自然的法则。田地里的庄稼总是在经过播种、浇水、施肥等辛勤的劳动后才能结出果实。只有先吃苦拼搏，才能品尝成功的果实。

成功者大都是用辛劳的汗水来取得成功的。先付出，后收获，这是不变的真理。人的一生都在付出与得到中循环，付出的是努力，得到的是收获。

生命是一个付出的过程，勤奋之人寻路，前程似锦；懈怠之人寻梦，海市蜃楼。努力吧，同学们，路在脚下，努力付出便会收获成功。

故事穿越

有个年轻人想做生意，于是他向父亲征求意见："我想在咱们这条街上赚钱，需要先准备什么呢？"他的父亲想了想说："如果你不想多赚钱，可以现在就凭两间门面，进货上柜开张营业；而你若想多赚些钱，就得先准备为这条街上的街坊邻居们做些事情。"年轻人接着问道："那我应该先做些什么事情呢？"

父亲又想了一会儿说："能做的事情有很多，如邮递员每天送信，但有很多信件很难找到收信人，你可以帮忙找找；还有很少有人扫街上的树叶，你可以每天清晨去扫一扫；此外，许多家庭需要得到一些举手之劳的帮助，可随便帮帮……"

年轻人不解地问道："这与我开店有什么关系呢？"父亲笑着说："你想把生意做好，这一切对你都会有帮助的。"

年轻人虽是半信半疑，但还是按他父亲说的那样去做了。每天，他不声不响地帮邮递员送信，打扫街道，帮几家老人挑水劈柴；听到谁遇到困难需要帮助，他马上就会去。

没多久，这个年轻人就闻名于这条街道，所有的人都知道了年轻人的存在。

年轻人在半年后开了自己的商店，开始挂牌营业。让他感到惊奇的是来了非常多的顾客，一条街的街坊邻居几乎都成了他的客户，甚至一些其他街的老人也拄着拐杖特意来他的店中买东西。他们对年轻人说："我们都知道你是个好人，到你这儿来买东西，我们放心。"后来，年轻人决定送货上门，遇到经济困难的人家，他也总会让他们先赊账。就这样在短短几年时间，他便从一个一文不名的年轻人成了著名连锁店的老板。

COFFEC

故事微语

俗话说："一分耕耘，一分收获。"有付出才有收获，也许有些收获会来得迟一些，但如果你不懂得付出，便永远也得不到收获。

著名科学家马萨森曾经说过："我们成功靠的不是智慧，而是靠不断的努力。付出一分耕耘，才能有一分收获。"当今的社会竞争是非常激烈的，人们的生活压力也很大，只有通过不懈的努力，才能更好地立足在这个社会之中。为了实现我们美好的理想，为了能够拥有美好的明天，努力去付出吧！相信收获的季节在不远的将来便会到来。

心灵箴言

不劳则无获。

——[美] 富兰克林

先天下之忧而忧，后天下之乐而乐。

——范仲淹

想不付出任何代价而得到幸福，那是神话。

——徐特立

第二篇

重视资本：健康的种子能开出生命之花

生命在于运动，健康源于持之以恒的活动。合理的运动可以增强身体的免疫力。健康的身体是幸福生活的保障，有好的身体才能分享美好的生活。健康把握在自己的手中，每天抓住点滴时间去做自我保健活动，才能拥有健康的体魄

好身体是奋斗的基础

故事话题

竺可桢在十五岁那年从故乡的绍兴小学毕业，考入了上海澄衷学堂。

在澄衷学堂，竺可桢的个头比同龄人要矮一截，体重也要轻十来斤。他的这副单薄瘦弱的样子，成了同学们讥讽和嘲笑的目标。

一天，竺可桢在教室外的走廊上，迎面走来几个同学。他们对着竺可桢挤眉弄眼，甚至还故意挖苦道："好一个寒酸的小矮子，准活不过二十岁！"

竺可桢十分气恼，但又一想：我的身子骨长得原本就很瘦小，再说，一个男子汉也没必要为了一两句恶语，便跟人撕破脸皮争吵起来。

晚上，竺可桢辗转反侧的难以入睡，他想：我们的祖国现在灾难深重，人民贫穷病弱，被外国人称为"东亚病夫"。现在自己也被人看不起。既然立志要为拯救祖国而出力，那就必须首先战胜自己病弱的身体！

想到这里，竺可桢立即从床上爬了起来，连夜制订了一个锻炼身体的计划，还将一条"言必行，行必果"的格言，抄贴在了宿舍里，作为警钟，随时提醒自己。

从那以后，竺可桢每天鸡一啼叫就起床，然后到校园里跑步、舞剑、做操……有一天清晨，竺可桢刚一醒来，就听到"轰隆隆"的雷声，从窗户往外一瞧，原来是下大雨了。今天还要不要按时起床去锻炼呢？竺可桢刚犹豫了一下，便立即反驳起了这个想法：不行，有一回间断，就可能有第二回、第三回，这是绝对不可以的……于是，竺可桢迅速起床，冒雨跑完了订好的路程。

这样坚持了一段时间，竺可桢的体质明显好了很多，再也没请过一堂课的病假。这时候，全班同学，包括过去讥讽过他的那些同学，都称赞他是"智体并重"的模范。

故事解析

身体是人们最为宝贵的个人财产，所有人都要懂得去增强体质以保健康。在提高做事效率的同时，也要提升自身的身体状况，这样才可能时刻保持精力充沛，以超强的体力和积极乐观的心态去做好更多的事情。

俗话说：“身体是革命的本钱。”有健康，有精力，才会有美好的未来，才能将理想变为现实。好身体是奋斗的基础，有了健康的身体，，我们的人生才会快乐前行，才会精彩纷呈，人生才充满了希望。

故事穿越

毛泽东在12岁那年曾经得了一场大病，于是体会到身体健康的重要性，后来到湖南第一师范学习的时候，他特别重视锻炼身体，经常参加各种体育锻炼。

第一师范校门口有一口水井。毛泽东的老师杨昌济先生每天都会在这里进行冷水浴，毛泽东也尽力仿效。每天，天刚蒙蒙亮，毛泽东就起床穿一短裤来到井旁，他一桶一桶把水吊上来，从头浇到脚冲洗全身，然后再用毛巾擦干，擦了再淋，淋了再擦，直至擦得浑身通红为止，即使在寒冷的冬天也坚持如此。

毛泽东坚持洗冷水浴多年，解放后，他年龄大了，洗澡时还用温水，不用热水。他曾说过：“一个经常注意锻炼身体的人，便不会为风雪的寒风所吓倒。我练习过冷水浴，现在年纪虽然大了，冬天也还可以不用热水洗澡，小小的寒冻也还经得住。锻炼的确是重要的事情。”

在第一师范上学时，学校前面就是湘江，更是游泳的好地方。每年5月到10月，毛泽东和几个同学几乎每天到湘江游泳，还横渡湘江。到了冬天，很多人都不敢下水了，毛泽东和几个伙伴依然坚持冬泳。

“风浴”“雨浴”“日光浴”“空气浴”，也是毛泽东喜爱的运动。从第一师范前面过了江便是岳麓山，这里是毛泽东和伙伴们进行风浴、雨浴、日光浴、空气浴的好地方。他们游过湘江，躺在烈日照射的沙滩上伸展开身子进行日光浴，遇到暴风雨，他们也不会去躲避，反而在大风大雨中奔跑，登上山峰，迎风高歌。

毛泽东还经常和几个同学到妙高峰君子亭、岳麓山和爱晚亭附近露宿。他们尽情地游玩，尽情地高谈阔论，夜深人静的时候，他们便分散开在枯柴杂草中露宿。

全国解放后，毛泽东仍然非常重视体育运动。在他的领导下，我们国家专门成立了国家体育运动委员会，毛泽东亲自题词：“发展体育运动，增强人民体质”。

1951年，毛泽东在接见几位教育界人士时，谈到了进行体育锻炼的好处。他说：“我认为有志参加革命的青年，必须锻炼身体，不去锻炼身体的人，就不配谈革命。大家不是读过《红楼梦》吗？《红楼梦》中两个主角，我看都不太高明。贾宝玉是阔家公子，饮食起居都需要丫头照料，自己不肯动手；林黛玉多愁善感，最爱哭泣，只能住在大观园的潇湘馆中，吐血，闹肺病。这样的人，怎么能革命呢？你们办学校，不要把我们的青年培养成贾宝玉和林黛玉式的人。我们不需要这样的青年，我们需要坚强的青年，身体和意志都坚强的青年。”

故事微语

毛泽东经常引用一句名言：“文明其精神，野蛮其体魄。”我们是祖国未来的接班人，肩负着时代的重任，身体是知识的载体，只有健康的体魄，良好的心理素质，才能使我们更好地投入到工作和学习之中，迎接各种困难和挑战。

我们要把体育活动列入我们的日常生活当中，作为每天生活的一个组成部分，这样长期坚持下去便会有健康的身体。同学们，从现在开始行动起来吧！

心灵箴言

早睡早起，使人健康、富有、明智。

——[美] 富兰克林

生活就是运动。人的生活就是运动。

——[俄] 列夫·托尔斯泰

有规律的生活原是健康与长寿的秘诀。

——[法] 巴尔扎克

只有身体好才能学习好、工作好，才能均衡地发展。

——周恩来

一个人的身体，绝不是个人的，要把它看作是社会的宝贵财富。凡是有志为社会出力，为国家成大事的青年，一定要十分珍视自己的身体健康。

——徐特立

再忙碌，也要懂得劳逸结合

故事话题

老一辈表演艺术家于洋出生于一个贫苦的农民家庭，15 岁参加了革命。在部队里于洋喜欢骑马、打枪，还喜欢各种球类，是个体育活动的积极分子。

于洋回忆起那段时光，觉得颇有意味："那时候尽管受到场地、设施的限制，也没有运动服，但我们依然玩得很开心，直到天黑得什么都看不见才回家。"从影后，于洋在电影《水上春秋》中主演蛙泳世界冠军华小龙，当时仅会"狗刨式"的他跟着教练每天泡在游泳池里。在一番苦练之后，他不仅成功地塑造了华小龙这个人物形象，游泳技术也达到了三级运动员的水平。

"人生是一座天平，一头是劳，一头是逸，只有注意调节，才能确保健康。"于洋在生活中很注意劳逸结合。有时太累了，便主动休息一段时间；太闲了，便参加一些体育活动，活络筋骨。

于洋的另外一大爱好是钓鱼，他担任中华名人垂钓俱乐部的执行主席。刚开始学习垂钓时，他常常空手而归。谢添、陈强、葛存壮也喜欢钓鱼，通过不断与他们的切磋，于洋摸索到了不少门道。其中自己做鱼食就是于洋的诀窍之一，他说："钓鱼有不少学问，要了解鱼的生活习惯，要看鱼下菜，投其所好，才能有所收获。"于洋认为，钓鱼是静养功，能调理体内气血，陶冶情操，对预防与治疗一些慢性疾病有很大的帮助。"久居城市的人，能主动投身到大自然中去，甩上几杆，是一种积极性的休息方式。"

虽是高龄老人，但是于洋不畏老、不服老，在晚年生活的道路上仍然充满了自信和豪气。他曾写过这样一首诗："春天后面不是秋，何必为年龄发愁？只要在秋霜里结好果实，又何必在春花面前害羞。"

故事解析

再忙碌的日子，也别忘了休闲；再奔波的岁月，也别忘了休息；忙碌的生活当中给自己放个假，放松心情，品味生活，劳逸结合。

战国末期哲学家韩非曾在《韩非子·解老》里写道：“视强，则目不明；听甚，则耳不聪；思虑过度，则智识乱。”这几句大意是：视力用得过度，那么眼睛就不再明亮；听力用得过度，那么耳朵就不再聪灵；思虑过度，那么智慧就会产生紊乱。耳、目、脑的功用都有一定的限度，超过这个限度就会损坏其功能。用于劝诫人们要善于保护自己的视力、听力、脑力，劳逸结合，不可疲劳过度。我们也应该学会在繁忙的生活当中劳逸结合。

故事穿越

丘吉尔不仅是第二次世界大战中的著名人物，而且还是一个长寿者，他整整活了 90 岁，他长寿的秘诀之一就是善于睡眠，注重劳逸结合。

丘吉尔精力充沛，他的作风一向是大干、酣睡。在丘吉尔任职期间，正处第二次世界大战，局势极不稳定，瞬息万变，国事极其繁忙。他日理万机，每日睡眠时已经是筋疲力尽，躺下便睡着，从来没有出现失眠的情况。他常对记者说：“我每天大约在半夜三点睡眠，上床时如释重负，睡得很香。”

早上八点左右，丘吉尔醒来后，先是躺在床上看看报纸、电报，然后接见来访者，向各部和参谋委员会口授命令、指示，直到中午才起床。丘吉尔在介绍长寿经验时说：“如果有地方坐着，我绝不站着，如果有可能躺着，我决不坐着。”

丘吉尔每天还用一个多小时来午睡，以便养精蓄锐，使晚上精力更加充沛。他常常向周围的人们宣传午休的好处，劝他们也进行午睡。因而效法他的人很多，据说美国总统肯尼迪、里根等就曾模仿过他的午睡方法。

除此之外，丘吉尔还特别喜欢运动，他常常在午睡前后和晚饭前后骑马、打棒球、画画、观赏动植物，有时还砌一会儿墙，做到动静结合、劳逸结合。

故事微语

丘吉尔之所以能够保持健康的原因之一便是劳逸结合，不让自己被劳累击垮。西汉学者戴圣在《礼记·杂记下》写道：“张而不弛，文武弗能也；弛而不张，文武弗为也，一张一弛，文武之道也。”意思是要劳逸结合，刚柔相济，既要严肃紧张，又要生动活泼。

再忙碌，也要懂得劳逸结合，既是对自己身体的一种爱护，还可以让自己更加精神饱满地投入到之后的工作和学习中去，取得事半功倍的效果。而不懂得休息的人，身体既得不到良好的休息，还容易造成事倍功半的结果。

心灵箴言

健康是人生第一财富。

——[美] 爱默生

健康不是身体状况的问题，而是精神状况的问题。

——[美] 艾迪夫人

健康的身体乃是灵魂的客厅，有病的身体则是灵魂的禁闭室。

——[英] 培根

健康是这样一个东西，它使你感到现在是一年中最好的时光。

——[新西兰] 亚当斯

不小看心理健康的强大作用

故事话题

一个少妇投河自尽，被正在河中划船的老渔夫救上了船。

渔夫问："你年纪轻轻的，为何寻此短见？"

少妇向渔夫哭诉道："我结婚才刚刚两年，丈夫就遗弃了我，接着孩子又不幸病死，你说，我活着还有什么意思？"

渔夫又问："两年前你是怎样过的？"

少妇说："那时候，我自由自在，无忧无虑。"

"那时候你有丈夫和孩子吗？"

"没有。"

"那么，你不过是被命运之船送回到了两年前，现在你又可以自由自在，无忧无虑了。"

少妇听了渔夫的话，心里顿时豁然开朗，便告别渔夫，高高兴兴地跳到了岸上。

故事解析

同样的一件事情，如果你看到它的好的一面，心情就会变好；如果你只看到它坏的一面，心情就变坏。好心情可以给你信心，帮助你战胜困难，走出逆境，帮助你挑战命运，重新点燃希望之灯……

人们所有的财富与成就，均始于健康的身心。由于身体与心理之间的密切联系，心理健康身体才更健康。日常生活中常见的异常心理有嫉妒、焦虑、自卑、轻率、固执、易怒和孤僻等，这些不健康的心理会严重影响人们人际关系的处理，同时还会妨碍工作、事业和家庭的发展与和谐。

拿破仑·希尔说："凡对一切有益于心理健康的事件做出积极反映的人，便是心理健康的人。"心理健康可以产生强大作用，让我们乐观地面对困难和挫折，并树立起战胜它们的决心。

故事穿越

十几岁的杰克经常为很多事情而发愁。他常常为自己犯过的错误羞愧不已；出门以后，他常常会担心自己没带钥匙；交完考试卷以后，常常会夜里睡不着，担心没有考及格或者没有在考卷上签署自己的名字。

杰克总是想那些做过的事情，希望当初可以做得更好；总是回想那些说过的话，后悔当初没有将话说得更好。

早上，全班同学到了科学实验室。老师威廉把一瓶牛奶放在桌子边上。大家都坐了下来，望着那瓶牛奶，过了一会儿，威廉博士突然站起来，一巴掌把那牛奶瓶打碎在水槽里，同时大声说道："不要为打翻的牛奶而哭泣"。

然后威廉博士让所有的人都到水槽旁边，好好地看看那瓶打翻的牛奶。"好好地看一看，"他对大家说。"我希望大家能一辈子记住这一课，这瓶牛奶已经没有了，无论你多么着急，如何抱怨，都没有办法再挽回一滴。只要先用一点思想，先加以预防，那瓶牛奶就可以保住。可是现在已经太迟了，我们现在所能做到的，便是把它忘掉，丢开这件事情，注意下一件事。"

故事微语

我们在日常生活中也要学会不为打翻的牛奶而哭泣。不堪重负的压力会让人产生心理疾病，逐渐损毁人的情绪和身体。拿破仑·希尔认为：“压力是身体对一切加诸其上的需求所做出的无固定形式反应。”即是说加在身体上的任何负荷，不管是物理因素还是源于心理方面的，都是压力的来源。

为避免因心理不健康而引起个人的身心俱疲，我们应该保证自己心理健康，这样我们的身体才会更健康，而身心健康了，生活自然也就更顺心了。

心灵箴言

健康尤胜于财富。

——佚名

快乐最利于健康。

——[美] 爱迪生

快乐首先在于有健康的身体。

——[美] 柯蒂斯

健全的精神，寓于健全的体格。

——[英] 朱文奴

理想的人是品德、健康、才能三位一体的人。

——[日] 木村久一

很多烦恼都是自寻的

故事话题

从前在杞国，有一个有点神经质而且胆子很小的人，他常会想到一些奇怪的问题，而这些问题总会让人觉得莫名其妙。

有一天，他吃过晚饭之后，拿了一把大蒲扇，坐在门前乘凉，自言自语地说道："假如有一天，天塌了下来，我们该怎么办呢？我们岂不是无路可逃，而将活活地被压死，这不就太冤枉了吗？"

从此以后，他几乎每天都会因为这个问题而发愁、烦恼，朋友们见他终日精神恍惚，脸色憔悴，都非常替他担心，当大家知道原因后，都跑来劝他说："老兄啊！你何必为这件事自寻烦恼呢？天空怎么会塌下来呢？再说即使真的塌下来，那也不是你一个人忧虑发愁就可以解决的啊，想开点吧！"

可是，无论朋友们怎么说，他都不相信，仍然时常为这个不必要的问题烦恼。

故事解析

杞国的这个人的烦恼很显然是自寻烦恼，就像朋友们劝说的：“天空怎么会塌下来呢？再说即使真的塌下来，那也不是你一个人忧虑发愁就可以解决的啊。”在生活中，我们是不是有时候也会自寻烦恼呢？仔细筛选一下这些烦恼，将那些自寻烦恼的事情丢掉吧，人生才会过得更轻松自在。

一个人的烦恼多了，如果不能及时排除，便常常会导致一个人的精神萎靡不振，久而久之，便可能导致疾病缠身。所以，调节好自己的情绪，努力使自己的精神放轻松，不要再为心寻烦恼的事情而烦恼。

故事穿越

有一个年轻的农民经常划着小船给另一个村子的居民运送农产品。

一天，天气酷热难耐，农民汗流浃背，苦不堪言。他心急火燎地划着小船，希望尽快完成运送任务，以便在天黑之前能够返回家中。突然，农民发现有一只小船向自己迎面快速驶来。眼看两只船就要撞上了，但那只船却没有避让的意思。

“让开，快点儿让开，再不让开你就要撞上我了！”农民大声向对面的船吼叫着。但是，他的吼叫完全没有起到任何作用，尽管他手忙脚乱地企图避让开这条船，但为时已晚，那只船还是重重地撞上了他。农民被激怒了，他厉声斥责道：“你会不会驾船，这么宽的河面，你竟然撞到了我的船！”当农民怒目审视那只船时，他惊讶地发现小船上竟空无一人。

故事微语

在很多情况下，当你责难、怒吼的时候，你的听众或许只是“一艘空船”。人生的很多烦恼都是自找的。人们在生活中，总免不了有一些苦恼烦闷的事。但是不要为了不必要的烦恼而消耗我们的时间和精力。

先哲说：“世界上最宽广的是海洋，比海洋更宽广的是天空，而比天空更宽广的是人的心灵。”一个心胸宽阔的人，是不会有那么多烦恼的。倘若心灵一片光明灿烂，那烦恼与苦痛便会远遁他乡。

心灵箴言

身勤则强，逸则病。

——蔡锷

保持健康是做人的责任。

——[荷兰] 斯宾诺莎

必须从年轻时期就打好基础，随时随地去锻炼身体。

——徐特立

自我激励，接受梦想的指引

故事话题

电影巨星西尔维斯特·史泰龙十几年前生活的十分落魄，身上只剩一百美金，连房子都租不起，只好睡在金龟车里。

当时，西尔维斯特·史泰龙立志当演员，并自信满满地到纽约的电影公司面试，但无一例外的因为外貌平平及咬字不清而遭到拒绝，当纽约所有的五百家电影公司都拒绝他以后，史泰龙仍然抱着“过去不等于未来”的信念，从第一家电影公司开始重新尝试，在被拒绝了一千五百次之后，史泰龙写了《洛基》的剧本，并拿着剧本四处向人推荐，也继续被嘲笑奚落，在被拒绝了一千八百五十五次后，史泰龙终于遇到一个愿意拍那个剧本的电影公司老板，但是对方提出不准他在电影中出演角色的要求，史泰龙只好拒绝了他。但最后，坚持到底的史泰龙终于成为了闻名国际的超级巨星。

故事解析

在遇到挫折时，不妨想想自己的梦想。梦想能够帮我们排除路上的障碍，指引我们向着美好前行。肯定的语言能够增加向着梦想前进的力量。经常对自己说：“我最棒，我能行，我能办到。”等一些话，久而久之，我们便会变得更加有自信。

每个人需要不断地自我激励，只有不断地自我鼓励才能最大限度地发掘自己的潜力。鼓励是人逆境中前进的马达，只要不断地鼓励自己，就可以产生前进的动力。最好的激励是深入每个人的内心的激励。自己相信自己，自己鼓励自己，最后的胜利才会变得更加完美。

故事穿越

汤姆·霍金斯是全美四大推销师之一，从小他的父亲就期许他可以当一名出色的律师。当汤姆·霍金斯浪费了父亲的毕生积蓄，从律师学校休学回家时，他的父亲流下了失望的泪水，并对汤姆说："我看你这辈子都不会成功了，汤姆！"

汤姆·霍金斯在第二天就离家出走了，然后选择了推销房地产。汤姆在刚进入该行业的前6个月一点业绩也没有。后来，他用身上仅剩下的100元，参加了一门加强推销技巧的研讨会。再后来，连续8年汤姆都获得了全美房地产的销售冠军，他也变得富有起来，开劳斯莱斯轿车，环游世界，还传授了无数业务员推销的技巧。

有人问汤姆·霍金斯成功的原因，他说："支持我遇到挫折也能勇往直前的是一个信念，即成功者绝不放弃，放弃者绝不成功。"汤姆·霍金斯成功了是因为他有一个坚定的信念。

冠军
5 6 7 8年

故事微语

“成功者绝不放弃，放弃者绝不成功”，并以此来不断激励自己，从而让自己铲除自己的不良情绪，不断进行自我激励，才最终获得成功。激励让人在黑暗中找到了光明，自我激励可以让我们变得更加勇敢。激励是我们前进的守护神，它给了我们无穷的胆量和信心，让我们勇敢地面对困难。

激励是开发人潜能的内在力量，它可以让人在柔弱无助的时候找到自信。激励是我们战胜困难的一把利剑，它使人有了更多战胜困难的信心和决心，有了勇气和前进的动力，它可以激励我们坚持不懈，自强不息。

心灵箴言

我要微笑着面对整个世界，当我微笑的时候全世界都在对我笑。

——[美] 乔吉拉德

能看到每件事情的好的一面，并养成一种习惯，还真是千金不换的珍宝。

——[英] 约翰逊

积极的人像太阳，走到哪里哪里亮；消极的人像月亮，初一十五不一样。快乐的钥匙一定要放在自己手里，一个心灵成熟的人不仅能够自得其乐，而且，还能够将自己的快乐与幸福感染周围更多的生命。

——[佚名]

第三篇

懂得合作：团结的力量是温暖无比的

懂得合作的人，可以更好地生存在这个世界里。团结具有温暖无比的力量。西方有句谚语："帮助别人就是拯救你自己。"当遇到险境时，大家如能相互信赖、团结协作，就能化险为夷。

团结可以产生巨大的力量

故事话题

生长于美国加州的红杉是世界上现存最高大的植物，它们的高度大约为 100 米，相当于 30 层楼的高度。通常而言，植物生长得越高，根也就会扎得越深，然而科学家却发现红杉的根只是浅浅地扎在地表。红杉的根扎于地表有利于它们快速而大量地吸收赖以生存的水分，从而快速茁壮地成长。但高大的植物如果根扎得不够深，就会变得非常脆弱，只要一阵大风，便可以将它们连根拔起。

红杉之所以能够长得如此高大却屹立不倒，是因为没有一棵红杉是独立生长的，它一定会生长在一大片红杉林之中。这一片红杉的根紧密相连，一棵连着一棵，最后连成了一大片。这就让红杉牢牢地粘在了地面，即便是威力无比的飓风，也撼动不了几千棵根部紧连，占地超过上千公顷的红杉林。除非强到可以掀起整块土地，不然任凭风如何呼啸而过都不可能动摇红杉。

故事解析

红杉的生存方式告诉我们，成功不仅仅是自己的强大，同时也需要依靠别人。帮助更多人成功，自己才会变得更成功。单人的力量就如散沙般无力，而只要与人合作，便会产生不可思议的力量。

团结协作是一切事业成功的基础，个人和集体只有团结协作，才能把个人的愿望和团队的目标结合起来，超越个体能力的局限，发挥集体的力量，进而产生 1+1>2 的效果。团结是一种重要的精神，如果你也想获得成功，那么在提高自身素质的同时，一定要学会团结他人。

故事穿越

从前，一个国家的国王卡迪尔有10个儿子。他这10个儿子个个都很有本领，难分上下。可是他们自恃本领高强，都不把其他的兄弟放在眼里，认为只有自己最有才能。平时10个儿子常常明争暗斗，见面便互相讥讽，在背后也总爱说其他人的坏话。

卡迪尔见到儿子们这种互不相容的情况，很是担心，他明白敌人很容易利用这种不睦的局面来搞破坏，那样的话，国家的安危就悬于一线了。卡迪尔常常利用各种机会和场合来苦口婆心地教导儿子们停止互相攻击，要团结友爱。可是儿子们对父亲的话总是左耳朵进、右耳朵出，依然我行我素。

卡迪尔一天天老了，他明白自己在位的日子不会很久了。可是自己死后，儿子们怎么办呢？再没有人能教诲他们、调解他们之间的矛盾了，那国家不是要四分五裂了吗？究竟用什么办法才能让他们懂得要团结起来呢？卡迪尔越来越忧心忡忡。

有一天，久病在床的卡迪尔预感到死神就要降临了，他也终于有了主意。他把儿子们召集到病榻前，吩咐他们说：“你们每个人都放一支箭在地上。”儿子们不知何故，但还是照办了。卡迪尔让自己的弟弟孟翰说：“你随便拾一支箭折断它。”孟翰顺手捡起身边的一支箭，稍一用力，箭就断了。卡迪尔又说：“现在你把剩下的9支箭全都拾起来，把它们捆在一起，再试着折断。”孟翰抓住箭捆，使出了吃奶的力气，咬牙弯腰，脖子上青筋直蹦，折腾得满头大汗，始终也没能将这捆箭折断。

卡迪尔缓缓地转向儿子们，语重心长地开口说道：“你们也都看得很明白了，一支箭，轻轻一折就断了，可是合在一起的时候，就怎么也折不断。你们兄弟也是如此，如果互相斗气，单独行动，很容易遭到失败，只有10个人联合起来，齐心协力，才会产生无比巨大的力量，可以战胜一切，保障国家的安全。这就是团结的力量啊！”

儿子们终于领悟了父亲的良苦用心，想起自己之前的行为，都悔恨地流着泪说：“父亲，我们明白了，您就放心吧！”

故事微语

折断一支箭很容易，但是同时折断 10 支箭，却几乎是不可能的，这就是团结的力量。选择与人团结一心，更容易获得共同的幸福；选择与人势不两立，结果必然适得其反。

艾思奇曾说过："一个人像一块砖砌在大礼堂的墙里，是谁也动不得的；但是丢在路上，挡人走路是要被人一脚踢开的。"团结所产生的力量是巨大的，只有将自己的力量融合在集体之中，才更有可能获得成功。

我们在日常生活中也要学会和朋友们团结起来，共同面对学习和生活中的各种挑战。

心灵箴言

天时不如地利，地利不如人和。

——孟子

一切使人团结的是善与美，一切使人分裂的是恶与丑。

——[俄] 列夫·托尔斯泰

要永远觉得祖国的土地是稳固地在你脚下，要与集体一起生活，要记住，是集体教育了你。哪一天你若和集体脱离，那便是末路的开始。

——[苏联] 奥斯特洛夫斯基

个人如果单靠自己，如果置身于集体的关系之外，置身于任何团结民众的伟大思想的范围之外，就会变成怠惰的、保守的、与生活发展相敌对的人。

——[苏联] 高尔基

成功属于懂得合作的人

故事话题

曾经，一位长者赐给两个非常饥饿的人一篓鲜活的鱼与一根鱼竿。其中一个人要了那根鱼竿，另一人则要了那篓鱼，然后他们分道扬镳。得到鱼竿的人继续忍饥挨饿，他提着鱼竿艰难地向海边走去，但他最后的一点力气在看到不远处那片蔚蓝的海洋时用完了，他带着无限的遗憾离开了人间。而另一个得到鱼的人则在原地用干柴烧起火煮起鱼来，极度饥饿的他狼吞虎咽，几乎没有品出鱼的肉香，转眼间他就连鱼带汤吃了个精光，不久后就饿死在了空空的鱼篓旁。

后来，长者同样赐给两个饥饿的人一篓鱼和一根鱼竿。但他们没有像前两位一样选择各奔东西，而是决定一起去寻找大海，而且他们每次都只煮一条鱼。经过长途跋涉，这两人终于来到了海边，他们从此过起了以捕鱼为生的日子。他们在几年后都盖起了属于自己的房子，并有了各自的妻子和儿女，还有了自己建造的渔船，都过上了幸福快乐的生活。

故事解析

故事中的第一对年轻人都只顾眼前利益，不懂合作，最终都因饥饿而死。而后两个人则聪明得多，他们想得更为长远，也知道双方合作所能带来的利益，他们靠着合作的力量，最终都过上了幸福的生活。从这则故事中，我们能够看到互相合作有利于成功，而不懂得合作的人往往难以取得成功。

帮助别人也能获得意想不到的收获。一个人只有学会了如何与他人合作，才能得到打开成功大门的钥匙。同学们，让我们学会合作，懂得帮助和求助别人吧！

故事穿越

据科学家研究发现，蚂蚁与黄蜂在很久很久以前有着共同的祖先。这种白垩纪产生的昆虫，既有独居黄蜂的大颚和胸部，又有连接胸腹的细腰。这种共同的生理特征有力地说明了蚂蚁与黄蜂有着渊源的关系。

可是，这两种有着共同祖先的昆虫，在面对困难时，所表现出来的状态却迥然不同。有人曾做过这么一个实验：将七八只黄蜂同时关进一个密封的小木箱里，几天之后打开木箱，发现木箱的四壁多了七八个小洞，每个洞里都有一只死去的黄蜂。而这些小洞，最浅的也已经超过了木板厚度的一半。可是，它们却因为各自为战，不懂得团结合作，却没有任何一只黄蜂能从这只木箱中逃出去。

与黄蜂的表现恰好相反的是，有人曾看到过这样的一个景象：在南方的一个小院子里，因江水冲开了江堤，小院子立刻被水淹没了。清晨，当受灾的人们站在堤坝上无奈地凝望着水中的家园时，忽然有人惊呼道："看，那是什么？"只见一个黑球，正顺着波浪漂了过来，一沉一浮，远远地看上去像是一个人！有人嗖地一下跳下水去准备救人，靠近了黑球才发现那是一个"蚁球"。

说话间，蚁球已漂了过来，只见蚂蚁们紧紧地抱在一起。风流波涌，不断有小团蚂蚁被波浪打掉，像油漆片儿一样剥离开去，大家看得目瞪口呆。蚁球靠岸后，一层层地分开了，像打开的登陆艇，迅速而有秩序地一排排冲上了堤岸，胜利登陆。岸边的水中，仍留下不小的一团蚂蚁，那是勇敢的牺牲者，它们虽然没能活下去，但它们的尸体，却仍然紧紧地抱在一起。

故事微语

黄蜂和蚂蚁的故事，能给我们带来什么启迪呢？在面对危险的时候，黄蜂的命运为什么和蚂蚁的命运截然不同呢？原因就是，黄蜂在大难临头的时候，不懂得合作。倘若这些黄蜂，在危险境地能够团结合作，当一只黄蜂在同一个位置“钻”上一段时间后，另一只黄蜂接着上阵……那么，木箱就可以轻易地被钻开个口子，然后，它们便可以走出绝境。

蚂蚁和黄蜂正好相反，它们在大难来临之际，立即会聚合在一起，形成一个蚁球，团结一致，众志成城，不管风吹浪打，紧紧抱在一起。终于从死神的手中挣脱了出来。

心灵箴言

若不团结，任何力量都是弱小的。

——[法] 拉封丹

万人操弓，共射一招，招无不中。

——《吕氏春秋》

聪明人与朋友同行，步调总是齐一的。

——法国谚语

一致是强有力的，而纷争易于被征服。

——[希腊] 伊索

不管一个人多么有才能，但是集体常常比他更聪明和更有力。

——[苏联] 奥斯特洛夫斯基

团结是战胜困难的法宝

故事话题

南非沙漠里有一种动物叫沙龙兔，它们之所以能存活在沙漠里而不至于被渴死，完全是因为它们具有团结的精神。

沙漠每两年才会下一次大点的雨水，这对于在沙漠中生存的任何生命来说都极为珍贵。每次下雨，成年的沙龙兔都会跑上几十里，不吃不喝地寻找水源，不找到水源绝不会回来，而且每次它们都能把好消息带给大家。在沙龙兔返回来报告好消息时，连洞也不会进，因为沙漠中的雨水有可能在一天内蒸发掉。而这却是沙龙兔一两年内唯一的一次正经补水。

于是，为了争取时间，平日很少见到的沙龙兔群集的景象出现了。大队的沙龙兔，会在这只首领的带领下，跑上几十里去喝水。而那只成年沙龙兔，一般都会在到达目的地后，因劳累过度而死去。

故事解析

俗话说：“一人难挑千斤担，众人能移万座山。”团结是战胜困难的法宝，在困难面前，唯有团结一心，才可以产生战胜它的力量。沙龙兔得以在沙漠之中生存下去，是因为它们具有团结的精神。

人生路上，总会遇到各种各样的困难，其中很多困难仅靠自己的力量是难以战胜的，这时候就需要我们发挥团结的力量，同样的，在别人遇到困难的时候，也不需要吝啬自己的援助之手，将自己的力量奉献给别人。

故事穿越

在一个美丽的大森林里，阳光下，常有鲜花和香草盛开，有一群快乐的小鸟儿在自由自在地飞翔。

有一天，一个猎人带着一张网和几只大口袋闯进了大森林，他来到一棵树下，把一张网仔细地布在大树下，然后在下面撒了些谷粒。不久，一群鸽子飞来了，它们一看到好吃的东西，便冲了下来。

一只领头的鸽子，突然向伙伴们发出警报，凭着它的经验，这里面肯定有蹊跷，它开始劝说大家：“快离开谷粒！你们别贪吃了，这儿以前是从没有什么可吃的谷粒的。我们的大森林里到处都有好吃的果子、牧草，我们可不能上当啊！快走吧！”

鸽子们却不愿立即飞去，因为猎人撒下的谷粒实在是太香了。它们慢慢地靠近了网，正在大家贪吃的时候，猎人的大网把它们一起网住了，鸽子们全都中了圈套。

“我不是劝过你们吗？贪吃是要带来灾难的。”头鸽心痛地说道。鸽子们都害怕地拍打着翅膀，乱哄哄地钻来钻去，都极力想从网眼里逃走。

猎人突然出现了，他没想到居然会有如此多的鸽子落入网中，他兴奋极了。这时，聪明的头鸽又发话了：“大家不要慌乱，如果你们只顾自己逃命不考虑自己的同伴，那么你们谁也无法逃走，现在你们联合起来将网掀掉，一起逃走。”

这次所有的鸽子都听从了头鸽的话，头鸽一发出信号，它们就一起朝同一个方向飞去，竟把猎取人精心布置的网给冲破了，它们带着破漏的网向森林深处飞去。猎人拼尽全力也没有追上它们，鸽子们全部逃脱了。

小鸽子们又飞回了自己的乐园，森林中又恢复了以前的景象。

故事微语

在团结的力量之下，小鸽子们得以逃生返回自己的乐园。每个人的力量都是有限的，在困难来临的时候，将自己的力量和大家的力量相融合，就能产生巨大的战胜困难的力量。如果小鸽子们在危难时刻没有选择团结起来，那么它们将无一例外的被猎人抓获，等待它们的将是死亡的危险。

自然界中有许多生物个体的能力有限，因此它们需要寻找同伴合作，优势互补，从而更好地生存下去。人也一样，在这个社会上，只有能够做到团结互助的人才能平稳地生存下去。我们也要从现在开始学会团结互助，在别人遇到困难的时候主动伸出援助之手，在自己遇到困难的时候学会向他人求助。

心灵箴言

上下同欲者胜。

——孙武

人心齐，泰山移。

——谚语

五人团结一只虎，十人团结一条龙，百人团结像泰山。

——邓中夏

能用众力，则无敌于天下矣；能用众智，则无畏于圣人矣。

——孙权

共同的事业，共同的斗争，可以使人们产生忍受一切的力量。

——[苏联] 奥斯特洛夫斯基

优势互补，互惠互利

故事话题

越国人公石师与甲父史各有所长。公石师处世果断，但缺少心计，常犯疏忽大意的错误；而甲父史善于计谋，但处事优柔寡断。他们两人的交情很好，所以他们常取长补短，合谋公事。虽然他们是两个人，却好像只有一条心。无论他们俩一起去做什么，总能心想事成。后来这两人因在一些小事上发生冲突，吵完架后便不再理睬对方。而他们在独自做事时，总是屡遭失败。

一个叫密须奋的人听说公石师与甲父史不和后感到非常痛心，便规劝两人说："你们听说过海里的水母吗？它没有眼睛，要靠虾带路，而虾则分享水母的食物，它们是相互依存，缺一不可的。寄生蟹是一种很小的蟹类，通常他们会寄生在某种贝类动物上，将其腹部当作巢穴。贝类动物饿的时候，就靠蟹出去觅食。蟹觅食回来后，贝类动物有了能吃饱的食物，而蟹则因为有了巢穴而得以安居。这也是一个互相合作，优势互补的例子。北方有一种肩并肩长在一起的'比肩人'。他们交替看东西，轮流吃喝，一个死了另一个也就活不成了，一样是两者不可分离。你们俩与这'比肩人'十分相似，而你们的区别在于'比肩人'是通过身体，而你们则是通过事业紧密地联系在一起。既然你们独自处理事物时连遭失败，为什么不和好，与从前一样呢？"

公石师和甲父史听了密须奋的劝解后，颇有感触地说："若非听了密须奋的这番道理，我们仍然会单枪匹马受更多的挫折呀！"于是，两人重归于好，重新在一起合作共事。

故事解析

公石师处世果断，但缺少心计；甲父史善于计谋，但处事优柔寡断。两个人如果交情一直很好的话，那无疑是一对好搭档，可以取长补短，合谋共事。

所谓“金无足赤，人无完人”。每个人都会有自己的优势和弱势，寻找擅长这方面的人进行合作，做到优势互补才可能将事情完成的最好。独木难成林，现代社会进入优势互补的时代，没有合作意识的个人是难以获得成功的，没有合作观念的公司也难以获得大的发展。

故事穿越

一个瘸子在马路上偶然碰到了一个瞎子，只见瞎子正满怀希望地期待着有人来带他往前行走。

瘸子说：“你好啊，我们一起走好吗？我也是一个有困难的人，因为腿部的残疾不能独自行走。你看上去身材魁梧，力气一定很大！你背着我，这样我就可以为你指路了。你坚实的腿脚就是我的腿脚，我明亮的眼睛也就是你的眼睛了，你看怎么样？”

于是，瘸子将瞎子的拐杖握在手里，趴在了瞎子那宽阔的肩膀上，开始指引瞎子往前走。两人步调一致，获得了他们任何一个人也不能实现的效果。

故事微语

瞎子和瘸子将自己的优势条件互补之后，便达到了他们中的任何一个人都不能达到的效果。同样的，一个人不可能什么都懂，样样精通。在现实生活中，很多事情是需要与别人合作才可能完成的。这是因为不同的人生活、生长的环境不同，他们接受的思想、对事情的看法也不同，而不同的人会有不同的长处。

每个人只要能够做到取人长、补己短，互相合作就会变得更加完美，就像5根手指一样，它们各有所长，也各有所短，分开来都很容易被打倒，而它们合作在一起就成了一个手掌，可以灵活地做很多事情，也能更好地发挥自己的长处。

心灵箴言

团结就有力量和智慧，没有诚意实行平等或平等不充分，就不可能有持久而真诚的团结。

——[英] 欧文

单个的人是软弱无力的，就像漂流的鲁滨孙一样，只有同别人在一起，他才能完成许多事业。

——[德] 叔本华

人们在一起可以做出单独一个人所不能做出的事业；智慧加双手加力量结合在一起，几乎是万能的。

——[美] 韦伯斯特

不管努力的目标是什么，不管他干什么，他单枪匹马总是没有力量的。合群永远是一切善良思想的人的最高需要。

——[德] 歌德

国家的统一，人民的团结，国内各民族的团结，这是我们的事业必定要胜利的基本保证。在当前，加强党的团结，加强党与人民群众的团结，具有特殊意义。

——毛泽东

双赢是一种牢固的合作关系

故事话题

蜜獾是生活在南非丛林中的一种动物。它们最喜欢吃的食物是野蜂和蜂蜜，但是它们却缺乏发现蜂巢的本领。

指蜜鸟是一种小型的非洲小鸟，它们最喜欢吃的食物是组成蜂房的蜂蜡和野蜂幼虫。但是，指蜜鸟要将蜂巢弄碎，对它们来说就显得格外的难了。

于是，指蜜鸟与蜜獾这一对动物相互依赖，取长补短。当指蜜鸟发现树枝上的蜂巢之后，便会马上飞到蜜獾身边。蜜獾获悉到最新情报后，便会乖乖地跟随指蜜鸟来到筑有蜂巢的树下，然后慢慢地爬上去，将蜂巢咬碎，美美地吃上一顿蜂蜜大餐。指蜜鸟则不慌不忙地停在附近的树枝上，看着它的搭档狼吞虎咽一番。待蜜獾饱餐离去后，指密鸟就会飞过去，独享被蜜獾咬碎的蜂蜡和野蜂幼虫。于是它们便都享用了自己最喜欢吃的食物。

故事解析

这则自然界的有趣例子，就说明了双赢是一种牢固的合作关系。双赢策略其实是一种很高的智慧，帮助别人的同时接受别人的帮助，双方最终将获得独自奋战所不能拥有的东西。合作可以成为竞争的主旋律，和谐已成为时代的最强音。

在真诚的微笑中，大家互相帮助和提高，让别人的长处弥补我们的短处，让我们的长处“承托”别人的短处，这样的话，彼此都能受益，过得更加幸福。

双赢是一种牢固的合作关系，绚丽多彩的生活中，让团结合作充实我们的生活。很多时候，合作是成功的跳板。生活中有了合作才能更好地获得成功。

故事穿越

春秋战国时期，赵国将领廉颇以英勇善战闻名于世，他立下无数战功，地位很高。蔺相如当时是赵王身边宦官的一个门客，被推荐完成送和氏璧换取秦国十五座城的任务。

当时的秦国非常强大，大家都知道即使送去和氏璧也得不到秦国的城池，不送又怕得罪秦国，蔺相如肩负着国家的利益和荣辱，冒着生命危险用智慧和胆识完璧归赵，终于得到了赵王赏识和封赏。

不久之后，秦赵两国的国君在渑池相会，蔺相如又立大功，为赵国挽回了面子。赵王于是封蔺相如为上卿，官位在廉颇之上。廉颇对蔺相如不满，觉得自己在沙场上为赵国拼命，攻下无数城池才立下了汗马功劳，蔺相如动动嘴皮子就比自己的功劳大，所以很不服气。

蔺相如得知廉颇对自己有意见后处处忍让，别人问他是不是怕廉颇，蔺相如说：“秦王我都不怕，难道能怕廉将军？现在秦国不敢入侵，因为赵国有得力将相，一旦我们不和，就会削弱赵国力量，秦国趁机入侵怎么办？我不论功争权，为的是国家大局，将相的共同利益！”

此话传到廉颇耳里，廉颇主动负荆请罪，两人终于握手言和。

故事微语

这个绚丽多彩的世界里，到处可以见到合作共赢的画面。一次手术的成功，需要医生与护士的合作；一次考试的成功，需要老师和学生的合作；一件衣服的成功，是很多设计师、裁剪等人员的合作。

毛泽东曾经说过：“团结一致，同心同德，任何强大的敌人，任何困难的环境，都会向我们投降。”生活中，我们要学会与人合作，让合作伴随我们，让共赢成为一种牢固的合作关系，让我们大家共同来建设美好的祖国。

心灵箴言

只要千百万劳动者团结得像一个人一样，跟随本阶级的优秀人物前进，胜利也就有了保证。

——[俄] 列宁

一滴水只有放进大海里才永远不会干涸，一个人只有当他把自己和集体事业融合在一起的时候才能最有力量。

——雷锋

为了达到伟大的目标和团结，为此所必需的千百万大军应当时刻牢记主要的东西，不因那些无谓的吹毛求疵而迷失方向。

——[德] 恩格斯

不但要团结和自己意见相同的人，而且要善于团结那些和自己意见不同的人，还要善于团结那些反对过自己并且已被实践证明是犯了错误的人。

——毛泽东

第四篇

发挥智慧：走一条属于自己的奋斗之路

一个人拥有智慧的多少在很大程度上是后天因素决定的，智力并不是获取成功的唯一因素，我们可以多向他人学习成功的经验，更加勤奋一些，更加注重细节，在遇到问题的时候做到集思广益，相信成功便会在不远的地方向我们招手。

智力不是成功的唯一因素

故事话题

王羲之能在书法上有那么高的成就，并被誉为“书圣”，靠的并不是他的智力，而是他几十年来锲而不舍地刻苦练习，是他的积极向上与坚持不懈才成就了这一切。

13 岁的王羲之于无意间发现了父亲藏有的《说笔》书法书，便偷来阅读。他的父亲发现后，担心他年幼不能保密家传，便答应等他长大后再传授给他。然而，王羲之竟然向他父亲下跪请求允许他现在阅读，这深深感动了他的父亲，便答应了他的要求。

从此后，王羲之便刻苦练习书法，甚至在走路、吃饭时也在练习。有时王羲之练习书法会达到忘情的程度，有一次他因勤于练字而忘了吃饭，家人便将饭送到书房中，他想都没想就用馍馍蘸着墨吃了起来，还吃得津津有味。家人发现时，他已是满嘴墨黑了。如果身边没有纸笔，王羲之便在身上划写，这样时间久了，衣服竟然都被划破了。

王羲之经常临池书写，就池洗砚，这样时间久了，满池水都是墨，于是人们将那方池称为“墨池”。如今在庐山归宗寺、浙江永嘉西谷山、绍兴兰亭等地均有被称为“墨池”的名胜。王羲之的刻苦精神与书法艺术深受世人赞许，他的成功是他刻苦学习、积极进取的结果。

故事解析

智力在科学上的定义是指生物一般性的精神能力。对人而言，智力指的是人理解、认识客观事物并运用经验、知识等解决问题的能力，包括判断力、思考力、想象力、观察力和记忆力。

在一定意义上来说，智力对于一个人是否能够成功有很重要的作用，但智力并不是成功的唯一因素。如果一个人只有智力而不懂得积极进取，是不会成功的。积极进取在成功道路上有着非常重要的作用。

故事穿越

意大利著名的科学家凯斯小的时候因为家里贫穷，没念多少年的书，就进了工厂当了一名车工。对一个未满15岁的孩子而言，当车工并不容易。

刚开始时，凯斯一窍不通，但他很勤奋，对任何学习的机会他从来不错过。凯斯慢慢地成了一名技术熟练的车工，但他并没有安于现状。后来凯斯对生产机器有了兴趣，还发现了其中许多不足，而他也暗自下决心要通过自己的努力来改变这些不足。

凯斯经过数十年如一日的艰苦奋斗后，不仅成为一个很有名的工程师，而且还成了一个拥有多项发明的科学家。

凯斯在自我评价时说："我的天生条件非常差，知识比较贫乏，我所取得的成就完全是靠自己积极进取得来的。但这至少也可以说明我具备发明创造这方面的潜能。通过积极努力的创造，我将这些才能淋漓尽致地发挥了出来。"

故事微语

可以说凯斯的成功除了因为他对发明创造拥有天生的潜能外，更重要的是因为他的积极进取与努力奋斗，他的勤劳激发了自己内在的潜能，所以才可以一举成功。

积极进取强调的是人对人生道路的希望与信心，对周边环境的正确对待，以及对自我的正确认识。积极进取是一种做事方法，更是一种人生态度。实际上，每个人都有着无限的潜力，只要你愿意发挥，积极进取，就可以取得成功。

天才也要加上努力才能取得成功，不给花浇水，它如何能够盛开？不给庄稼施肥，如何能获得丰收？对于现在竞争激烈的社会，不进取就要落后，不奋斗就可能失败。

心灵箴言

智慧是经验之女。

——[意] 达·芬奇

人类的智慧就是快乐的源泉。

——[意] 薄迦丘

智慧，不是死的默念，而是生的深思。

——[荷兰] 斯宾诺莎

智慧的可靠标志就是能够在平凡中发现奇迹。

——[美] 爱默生

从智慧的土壤中生出三片绿芽：好的思想，好的语言，好的行动。

——希腊谚语

学习他人的成功经验，但不复制

故事话题

一位博士被分到一家研究所，并成为那里学历最高的一个人。单位后面有个小池塘，一天博士闲来无事便到那儿去钓鱼。所里的正副所长刚好也在那儿钓鱼，博士这时冲他们微微点了点头，他心想跟这两个本科生有啥好聊的呢！

博士到那儿没一会儿，见正所长放下鱼竿，起身伸伸懒腰，便“蹭、蹭、蹭”如飞般从水面上走到对面上厕所去了。博士看着睁大了眼睛，疑惑不已：“不会吧，水上飘？这可是个池塘啊！”正所长回来时，也还是“蹭、蹭、蹭”从水上飘回来的。博士十分好奇，这到底是怎么回事，但又不好去问，自己可是博士生啊！过了一阵子，副所长也站了起来，先是走了几步，然后也“蹭、蹭、蹭”地飘过水面上厕所去了。这下子博士差点昏倒，不禁又疑惑起来：“不是吧，难道到了一个江湖高手集中的地方？”

后来，这位博士也内急了。池塘的两边都有围墙，到对面的厕所要绕十分钟的路，回单位太远。而博士又不愿去问两位所长，想了半天、憋了半天后，便也起身往水里跨。他是这么想的：“我就不信了，本科生能过的水面，我一个博士生还过不了？”但只听得“咚”的一声，博士跌到了水里头。两位所长见状赶忙将他拉了出来，问他为何要下水？博士反问：“你们为什么能够走到对面去呢？”两位所长相视一笑说：“这个池塘里有两排木桩子，前两天下雨涨水把它们给淹没了。我们因为都知道木桩的位子，所以能够踩着桩子过去。你为什么不问一声呢？”

故事解析

博士之所以会掉进水里是因为他不懂得学习别人成功的经验，只是盲目地复制了别人的成功经验。两位所长在研究所待的时间比博士长，懂得的自然也会多些，即使有些地方不如博士，但肯定也有超过博士的地方。博士若能放下自己博士生的架子，虚心向他人学习，必定能少走许多弯路。

根据心理学原理，世界上任何人的成功都是能够进行学习的，这是因为每个人都拥有相同的神经系统，只是每个人神经系统的使用程度不一样，所以不能全部复制。

倘若想更快地获得成功，就要学会学习成功人士的行为模式与思维模式，这样就能够帮助你更快地迈向成功。

故事穿越

一个农民，初中只读了两年，家里就没钱继续供他上学了。他辍学回家，帮父亲耕种三亩薄田。在他 19 岁时，父亲去世了，家庭的重担全部压在了他的肩上。他要照顾身体不好的母亲，还有一位瘫痪在床的祖母。

听说养鱼很赚钱，他把一块水洼挖成池塘，想养鱼。但是水田不适合养鱼，于是，他的努力白费了。

听说养鸡能赚钱，他向亲戚借了一笔钱，养起了鸡。但是因为他所在的地区整年阴雨连绵，所以不久之后，鸡得了鸡瘟，几天内全部死光。

他后来酿过酒，捕过鱼……可都没有赚到钱。

直到后来，一个农业技术员根据他田地的实际情况，建议他种植牧草之后，他慢慢地解决了全家的温饱问题，甚至于在几年之后成为远近闻名的牧草大户。

故事微语

故事中的农民最开始想复制别人养鱼、养鸡、酿酒、捕鱼等的成功经验，但是无一成功。这是因为不是所有的成功都是可以完全复制的。我们要根据自己的实际情况，制定出适合自身条件的方案，进而奋发努力，取得成功。

别人成功的经验可以丰富我们的思维，拓宽我们的眼界，但是一定不要完全复制，因为别人所处的条件可能和我们所处的环境不一样，如果盲目复制的话，很可能等待我们的是失败的命运。

心灵箴言

智慧、勤劳和天才，高于显贵和富有。

——[德] 贝多芬

缺乏智慧的灵魂是僵死的灵魂。若以学问来加以充实，它就能恢复生气，犹如雨水浇灌荒芜的土地一样。

——[阿拉伯] 阿布尔·法拉

人的智慧掌握着三把钥匙：一把开启教学，一把开启字母，一把开启音符。知识、思想、幻想就在其中。

——[法] 雨果

勤奋一些，你会走得更远

故事话题

苏秦是战国时人，他很想干一番大事业，但因学识不够，总找不到合适的事情。他心想："难道我这么没志气吗?"于是，他下定决心努力读书，读到深夜时，若是打盹了，便用锥子在大腿上刺一下，鲜血直流。这样便又能够振奋精神，继续读书。苏秦就这样坚持刻苦勤奋读书，最终成为了战国时著名的政治家。这也就是历史上著名的"锥刺股"的故事。

孙敬是汉朝人，从小就勤奋好学。他每晚都学得很晚，为避免犯困而影响读书，他把绳子的一头拴在房梁上，一头拴住头发，这样只要他一打盹，头一低，头皮就会被揪疼，如此一来精神便又振作了，便能够用全副精力投入到学习中。孙敬勤学苦练，收获甚丰。这就是历史上著名的"头悬梁"的故事。

故事解析

“头悬梁，锥刺骨”的故事流传至今，并教育了一代又一代人，因为人们自古以来就知道，学识渊博之人，大都是勤奋好学的人，而若想成功，有所成就，勤奋刻苦则是必不可少的条件之一。勤奋是我们人生路上的基石，是激励我们前进的进行曲，让我们向苏秦和孙敬学习做个勤奋的人吧！

文学家鲁迅也说过：“我哪里是什么天才，我是把别人喝咖啡的功夫都用到工作上了。”天才与成功都是勤奋的产物，没了勤奋，天才与成功便不复存在。但没了保护勤奋的坚强，那么，天才与成功就可能半路夭折。

故事穿越

斯蒂芬·金是世界著名的小说大师，他几乎每天都做着同一件事，即天刚放亮，就到打字机前开始写作。斯蒂芬·金曾经贫困到连电话费都交不起，而电话公司还因此掐断了他的电话线。斯蒂芬·金后来成了著名的恐怖小说大师，稿约不断，经常是一部小说还未成形，出版社就已经将高额的定金支付给他了。现虽然他是一个大富翁了，但他每天依然在勤奋刻苦的创作中度过。

斯蒂芬·金成功的秘诀只有两个字，就是“勤奋”。他与一般的作家不同，很多作家在没有灵感时，就会去做其他的事情，从来不会逼自己去写。然而斯蒂芬·金即使是在没有什么好写的情况下，也会每天坚持写 5000 字。一年之中，斯蒂芬·金只有在自己生日、美国独立日 [国庆节]、圣诞节这 3 天不写作。而他的勤奋则为自己带来了永不枯竭的灵感。

故事微语

著名发明家爱迪生曾说：“天才就是百分之九十九的汗水加百分之一的灵感，仅有灵感是不够的，只有付出努力，将灵感付诸实际，并以坚持不懈的毅力完成它，才是真理！”斯蒂芬·金的成功，与他的勤奋是分不开的。只有勤奋的人，才能紧紧把握每一次机会，只有勤奋的人才能脚踏实地地获得成功。

数学家华罗庚也曾说过：“勤能补拙是良训，一分辛苦一分才。”诸多有成就的人，也都是因为自身的勤奋，才从众人之中脱颖而出，成为世人所钦佩之人。

心灵箴言

人生在勤，不索何获。

——张衡

聪明出于勤奋，天才在于积累。

——华罗庚

天才就是无止境刻苦勤奋的能力。

——[美] 卡莱尔

业精于勤而荒于嬉，行成于思而毁于随。

——韩愈

注意细节，抓住更多机遇

故事话题

一个阴云密布的午后，下起了一场倾盆大雨。行人纷纷就近走入店铺中躲雨，此时一个老妇人也蹒跚地走进了费城的百货商店避雨。几乎所有的售货员在看见她被雨淋后略显狼狈相，都对她视而不见。一个年轻人在这时走过来诚恳地对她说："夫人，我可以为您做点什么吗？"老人莞尔一笑说："不用了，我在这儿躲会雨，立刻就走。"但老人随即又心神不宁了，在人家的店铺里躲雨却不买人家的东西，似乎不近情理。于是，老人在百货店里转起来，就算只买个头发上的小饰品，也算给自己避雨找个心安理得的理由。

就在她犹豫徘徊时，刚才那个年轻人又走过来说："夫人，不必为难，我搬把椅子放在门口给您，您坐着休息便是。"两小时后，雨过天晴，老人向年轻人道了谢，并要了张名片，就走出了商店。

费城百货公司的总经理詹姆斯在几个月后收到一封信，信里要求把这个年轻人派到苏格兰收取一份装潢整个城堡的订单，同时让他承包属于写信人家族的几大公司下一季度办公用品的采购订单。这让詹姆斯惊喜不已，匆忙一算，这封信给公司带来的利益，相当于公司两年的利润总和。詹姆斯立即与写信人取得了联系，这才知道写这封信的是一个老妇人，而她正是美国亿万富翁"钢铁大王"卡内基的母亲。他立即将那个叫菲利的年轻人，推荐到了公司董事会上。当菲利打起行装飞往苏格兰时，他已经成为这家百货公司的合伙人了，菲利那年 22 岁。

菲利在随后的几年中，凭借自己一贯的诚恳和忠实，成为了卡内基的左膀右臂，事业也扶摇直上，并成为了美国钢铁行业里仅次于卡内基的富可敌国的重要人物。

故事解析

当今是一个细节制胜的时代，要想让我们的奋斗取得辉煌的成功，就必须注意细节。菲利只用了一把椅子，就走上了让人梦寐以求的成功之路，告诉我们“机会隐藏于细节之中”。细节的成功看似偶然，实则孕育着必然。

俗话说：“一屋不扫何以扫天下。”也是在强调细节的重要性。我们在日常生活中也要时刻注重细节，从现在起养成注重细节的习惯，这样才能够在将来抓住更多的成功的机遇。

故事穿越

福特当年大学毕业后，到一家汽车公司应聘，另外三四个与他同时去应聘的人学历都比他高。福特觉得自己几乎没有什么希望了，但既然来了，怎么着也得试一试。

在福特敲门走近公司的办公室时，看见地上有一张废纸，便弯腰把它捡起来，顺手丢到了纸篓里，接着他走到董事长办公桌前说：“我是来应聘的福特。”董事长对他说：“非常好，福特先生，你已经被我们录用了。”这让福特感到十分意外，董事长便接着说：“你的学历确实没有前面那些人高，而且他们都仪表堂堂。但他们的眼里只看得见大事，看不见小事。而只能看见大事，却忽略小事的人是不会成功的，因此我才录用你。”

福特就这样进了这家公司。后来福特果然做得很出色，而且还做到了董事长的位置。

而和福特的经历不同的是，也有人因为细节而失去了面试的成功。

张竞强在参加招聘会的那天早上，不小心碰翻了水杯，把放在桌上的简历弄湿了。张竞强为尽快赶到招聘会场，只简单地将简历晾了一下，便匆匆把简历与其他东西一起塞进了背包里。

张竞强在招聘现场看中了一家深圳房地产公司广告策划主管的岗位，根据这家公司的要求，现场招聘人员会先同应聘者进行简单的交谈，然后再收简历，而被收简历的人将会有面试的机会。没多久就轮到了张竞强，招聘人员在问了他 3 个问题后，就向他要简历了。张竞强在拿出简历时才发现，简历上不仅有一大片水渍，而且放到包里一揉，再加上钥匙等东

经理办公室

西的划痕，简历已经不成样子了。张竞强尽力将它弄平整后，递了过去。招聘人员看着这份“伤痕累累”的简历皱了下眉头，但还是收下了。张竞强那份折皱的简历夹在一叠整洁的简历中，显得十分不协调。

张竞强在3天后参加了面试，表现很活跃，不管是现场操作Photoshop软件，还是给虚拟产品做口头推荐，他都完成得很好。张竞强在校时曾是学校戏剧社的骨干社员，所以他还即兴表演了一段小品，这赢得了负责面试人员的啧啧称赞。在张竞强面试结束走出办公室时，一位负责人对他说：“你是今天面试人员中最出色的一个。”

但面试结束一周后，张竞强还是没有接到上班的通知。他着急了，便打电话向那位负责人查询情况。那位负责人沉默了一会儿后告诉他：“事实上招聘负责人对你是很满意的，但你输在了简历上。老总说，一个连自己简历都保管不好的人，是管理不好一个部门的。你应该明白，简历其实代表的是你个人形象。投出一份凌乱的简历，有失严谨。”

这件事给了张竞强一个深刻的教训，从此之后他变得细心起来。他深刻地感受到，有时决定事情成败的常常只是一个小细节。

故事微语

张竞强尽管很出色，但是因为没有注意细节，最终导致了面试的失败。捡起一张废纸并顺手扔进纸篓，这看起来是件非常平常甚至微不足道的事情，然而就是这样一件小事，让福特获得了一份他原以为没有机会得到的工作。可见，机会常隐藏于细节之中。细节在竞争激烈的职场中，常常会显示出奇特的魅力，它能增加你的工作绩效指数，提升你的人格魅力，从而获得更好的机会。

只有关注细节，才能创造非凡的结果，发现可贵的机遇。处理好细节，才可能在平凡的岗位上创造出最大的价值。在一个细节取胜的年代，集体和个人想要有所成就，都离不开细节。要想从普通的事物中有不凡的发现，就要有善于思考的态度，只要仔细观察、勤于思考，善于发现细节，善于在细节上下功夫，就不会让属于你的机遇不知不觉地溜走。

心灵箴言

大礼不辞小让，细节决定成败。

——汪中求

小事成就大事，细节成就完美。

——[美] 戴维·帕卡德

祸患常积于忽微，智勇多困于所溺。

——欧阳修

天下难事，必做于易；天下大事，必做于细。

——老子

把每一件简单的事做好就是不简单；把每一件平凡的事做好就是不平凡。

——张瑞敏

集思广益，拓宽解决问题思路

故事话题

柯特大饭店是美国圣地亚哥市的一家老牌饭店，由于之前配套设计的电梯过于狭小老旧，已无法适应越来越多的客流。

于是，饭店老板准备建设一个新式电梯。他重金请来全国一流的建筑师和工程师，请他们一起来商讨该如何进行改建。

建筑师和工程师的经验都非常丰富，他们讨论的结果是：饭店必须换台大电梯。为了安装好新电梯，饭店必须停业半年。

“除了关闭饭店半年之外就没有别的办法了吗？”老板的眉头皱得很紧，“要知道，那样会造成很大的经济损失……”“必须得这样，不可能有别的方案。”建筑师和工程师们坚持说。

正在这时候，饭店里的一个清洁工刚好在附近拖地，听到他们的谈话后，他直起了腰，停止了工作。他望了望神色犹豫的老板和那两位一脸自信的专家，突然开口说：“如果换上我，你们知道我会怎么来装这个电梯吗？”工程师瞟了这个清洁工一眼．不屑地说：“你能怎么做？”“我会直接在屋子外面装上电梯。”工程师和建筑师听了，顿时诧异得说不出话来。

很快，柯特大饭店就在屋外装设了一部新电梯。在建筑史上，这是第一次把电梯安装在室外。

故事解析

通过这个小故事，我们可以得出这个结论：换一种思路，或许你会发现问题可以有更好的解决方法。不管是企业还是个人，要想不断发展壮大，在社会中屹立不倒，就要懂得创新求变，在危机中克敌制胜。

企业能够保持持续发展、在竞争中克敌制胜的原动力，就是敢于灵活应变与创新。因而，怎样永葆企业的灵活求变和创新精神，是企业管理者一项长期而艰巨的任务。创新与变化不可能简单地摆在企业者面前，它需要企业做到集思广益，主动拿出选择创新的勇气。

故事穿越

有一家生产牙膏的公司，所生产的产品质量优良，包装精美，很受消费者的喜爱，营业额连续十年递增，每年的增长率都在10%到20%之间。可是到了第十一个年头，企业的业绩停滞了下来，第十二年、第十三年也都是这样。公司经理急忙召开高层会议，商讨应对这种现象的对策。

在会上，公司总裁承诺说：“谁能想出解决的办法，让公司产品业绩增长，重奖五十万元。”这时，有位年轻的经理站了起来，递给了总裁一张纸条。总裁打开纸条，看完后马上签了一张五十万元的支票给他。

那张纸条上其实只写了一句话：将牙膏管开口扩大1毫米。

人们每天早晨习惯挤出同样长度的牙膏，牙膏管开口扩大1毫米，每个人就会多使用1毫米宽的牙膏，这样，每天牙膏的销售量将多出许多！于是公司立即开始更换包装。接下来的一年时间里，公司的营业额增加了32%。

故事微语

将牙膏管开口扩大1毫米，看似简单而普通的解决方案，却可以取得了一个巨大的成效，很多时候，问题的解决方法并没有我们想的那么难。

俗话说："三个臭皮匠，顶个诸葛亮。"很多大企业在做重大决定的时候，都会召开员工大会，听听大家的想法，然后再做出决定。集思广益可以拓宽解决问题的思路，很多问题的解决方法都是在共同探讨中产生的，单凭一个人的力量是很难做到的。只有广泛吸收有益的意见，能取得更好的成效。

心灵箴言

精神像乳汁一样是可以养育的，智慧便是一只乳房。

——[法] 雨果

智慧表现在下一次该怎么做，美德则表现在行为本身。

——[保加利亚] 约尔旦

缺乏智慧的幻想会产生怪物，与智慧结合的幻想是艺术之母和奇迹之源。

——[西班牙] 戈雅

第五篇

放下包袱：路再艰难，也要一路欢歌

懂得“放下包袱”，便是懂得了人生的大智慧。“放下”是开心果、是欢乐剂。漫漫人生路，为何不洒脱一点，保持豁达的心情，避免患得患失呢？只有放下包袱，学会洒脱的活，人生才会变得更加圆满。

自信一些，真实的你就很好

故事话题

1951 年，英国一位叫弗兰克林的人从自己拍摄的 x 射线照片上发现了 DNA 的螺旋结构，但他仅为此发现做了一次演讲。因为他生性自卑，常常怀疑自己的能力，所以，他放弃了自己的发现。

1953 年，科学家沃森和克里克从照片上发现了 DNA 的分子结构，提出了螺旋结构假说，二人因此获得了 1962 年诺贝尔医学奖。最早发现 DNA 螺旋结构的弗兰克林却最终与诺贝尔医学奖失之交臂。

螺旋结构假说

故事解析

如果弗兰克林不自卑，而是选择了坚信自己的假说，然后进行深入的研究，这个伟大的发现肯定会以他的名字载入史册。从能力上来看，他不比任何一个伟大的科学家逊色，但他却做了自卑的俘虏，所以也就很难获得大成就了。

自信是一个人重要的精神支柱；自信是相信自己有能力实现自己既定目标的心理倾向；自信是建立在正确的认知基础上、对自己实力的正确估计和积极肯定，是心理健康的表现。我们要学会自信处事，反复激励和暗示自己“我可以”“我能行”“天生我材必有用”，自己给自己鼓掌，自己给自己加油，相信真实的你就很好。

故事穿越

甘国强是个推销员，他从小就胆怯自卑，每当站在陌生人面前时，他都会变得局促不安，结结巴巴地说不出话来。

刚开始做推销工作的时候，甘国强站在别人的家门口不敢敲门，觉得自己的脑子一片空白，自己原先练习过的推销词被忘得一干二净。甘国强总是感觉自己非常渺小，觉得别人会看不起他这个推销员，害怕客户会将他从家里赶出来。但这种现象并没有持续下去，甘国强制止了它的蔓延。因为他觉得如果不扭转局势，自己就失去生活保障了。

从此，甘国强开始尝试这样想着去做自己的推销工作，没想到效果很好。在他真正放开了和客户谈的时候，发现其实他们都像朋友一样，说起话来非常自然、流畅。

自从能站在平等的立场上和他的客户讲话后，甘国强的心情就变得轻松自然多了。从此之后，他的观念有了突破性的改变，自卑感也不见了。

故事微语

希尔博士说："有方向感的信心，令我们每一个意念都充满力量。当你有强大的自信心推动你的人生巨轮，你可以平步青云，无止境地攀上成功之山。"拿破仑甚至讲出了更为豪气的话："在我的字典里，没有'不可能'这个词。"正是这个词，带着他南征北战，横扫欧洲大陆。

自信不是夜郎自大，更不是毫无根据的盲目乐观，而是激励自己奋发进取的一种心理素质，是以高昂的斗志迎接挑战的一种乐观情绪。自信，并非意味着不费吹灰之力就能获得成功，而是从一次次胜利和成功的喜悦中肯定自己，不断地突破自卑的羁绊，从而成就事业的辉煌。

千百年来，人们出于创造美好生活的目的，都对信心抱有崇高的期望。19世纪的思想家爱默生说："相信自己'能'，便攻无不克。"《圣经》里则说："如果你有一点信心，你即会对此山说：'由此处往彼处移'，而它就真的会移动。因而没有一件事对你而言是不可能的。"总之，无论你现在有多么艰难，请都不要气馁。相信自己，真实的你就很好。

心灵箴言

自信是成功的第一秘诀。

——[美] 爱默生

有信心的人，可以化渺小为伟大，化平庸为神奇。

——[爱尔兰] 萧伯纳

除了人格以外，人生最大的损失，莫过于失掉自信心了。

——[英] 培尔辛

我们对自己抱有的信心，将使别人对我们萌生信心的绿芽。

——[法] 拉劳士福古

能够使我飘浮于人生的泥沼中而不致陷进去的，是我的信心。

——[意] 但丁

放下包袱，学会洒脱的活

故事话题

有一对靠捡破烂为生的夫妇，每天一早出门，拖着一部破旧的三轮车到处捡拾破铜烂铁，等到太阳落山时才回家。每当他们回到家的时候，就会端一盆水到门口的院子里，搬凳子坐在那里泡脚，然后拉着弦唱歌，唱到满天星斗、月正当空、浑身凉爽的时候他们才回房睡觉，日子过得逍遥自在。

在他们的对面，住了一位很有钱的富翁，他每天都坐在桌前打算盘看账本，算算哪家的租金没收，哪家还欠着账，每天都过得很烦心。

有一天，他注意到对面的夫妻每天都是快快乐乐地出门，晚上轻轻松松地回来，非常羡慕也非常不解，于是问他的伙计："为什么我这么有钱却不快乐，而对面那对穷夫妻却总是如此的快乐呢？"

伙计听了想了想，问富翁："您想要他们同您一样忧愁吗？"

富翁回答道："算了吧，我看他们不会忧愁的。"

伙计说："只要您给我一贯钱，我把钱送到他家，他们明天保证不会拉弦唱歌了。"

富翁说："给他钱他肯定会更快乐了，怎么可能不会再唱歌了呢？"

伙计说："您不妨试试看了。"

富翁果真交给了伙计一贯钱，当伙计把钱送到穷人家时，这对夫妻拿到钱一开始本是很高兴，可是没多大一会就烦恼了起来。

那天晚上竟然睡不着觉了，想把钱放在家中，门上又没锁；要藏在墙壁里，松垮的墙用手一碰就会塌；要把它放在鞋子里又怕被狗叼走……

他们整晚都为这贯钱操心，一会儿躺在床上，一会儿又爬起来看看钱还在不，整夜就这样反复折腾，无法入睡。

妻子看着坐立不安的丈夫，更加心烦意乱，就说："现在你已经有钱了，还在烦恼什么呢？"

丈夫说："有了这些钱，我们该怎样处理才好呢？把钱放在家中又怕弄丢了。现在我真的郁闷得不知道怎么办才好。"

第二天一早他就带钱出门，在街上绕来绕去，不知做什么好，绕到太阳下山，月亮上来了，他又把钱带回家，垂头丧气不知怎么办。

想做小生意不甘心，要做大生意钱又不够，于是他对妻子说："这些钱说少，也不算少，说多又做不了什么大生意，实在是伤脑筋啊！"

结果那天晚上富翁站在对面，果然听不到唱歌和拉弦了，因此就到对面去问怎么了？这对夫妻说："我们还是把钱还给您好了。我们每天一大早出去拉车捡破烂，也比有了这些钱轻松啊！"这时候富翁才恍然大悟，原来，一味地守财不知布施，便会成为一种负担、一种人生的包袱。

故事解析

人生往往如此，拥有得越多，包袱也就越多。如果这时能放下身上的包袱，便就能解开精神上的枷锁，生活就会逍遥自在。我们每个人都在追求幸福，都在一遍遍地叩问自己：幸福到底是什么？又在哪里？其实答案很简单——放下包袱即是幸福。

焦虑、抑郁……越来越快的生活节奏和越来越大的生活压力，使现在人们的心理健康经受着巨大挑战。所以不要让自己背负太多，放下包袱也许会拥有另一种情怀，学会洒脱的活，无需这么贪婪，无需刻意把握，给自己一片可以翱翔的天空。

故事穿越

从前有个国王，放弃了自己的王位出家修道。他在山中盖了一间茅草棚，天天在里面打坐修行。

有一天，他感到生活非常美好，不禁哈哈大笑起来："如今我真是快乐自在呀!"

旁边修道的人问他："你真的这么快乐吗？如今每天都是单调地坐在山中修道，有什么快乐可言呢?"

国王说："从前我做国王的时候，整天处在忧患烦恼之中。我担心权臣谋反夺取我的王位，担心邻国侵占我的土地，担心有人攫取我的财宝……现在我出家修道了，一无所有，也就再不会有算计我的人了，所以我的快乐不可言喻呀!"

道

故事微语

国王在放下功名利禄之后，收获到了内心的安宁，不必再担心他人的算计，其实我们不是也有很多的包袱吗？尝试着放下它们吧，学会洒脱的活，多给自己的心一些自由。

懂得放下，学会放下，放下不必要的烦恼，放下不必要的压力，放下过于贪求的名利，放下不可能得到的种种妄想，脚踏实地地面对现实，你就会活得更加洒脱快乐。

心灵箴言

犹豫不决是以无知为基础的。

——[德] 恩格斯

猛虎之犹豫，不若蜂虿之致螫；骐骥之跼躅，不如驽马之安步。

——司马迁

在懦夫和犹豫不决者眼里，任何事情看上去都是不会成功的。

——[英] 司各特

很清楚，前途并不属于那些犹豫不决的人，而是属于那些一旦决定之后，就不屈不挠不达目的誓不罢休的人。

——[法] 罗曼·罗兰

控制情绪，做自己真正的主人

故事话题

艾尔玛是美国生理学家，他曾做过一个简单的实验，就是研究情绪对健康的影响。实验是这样的，艾尔玛将一支支玻璃管插在摄氏零度的冰与水混合的容器里，借以收集人们不同情绪时所呼出来的“气水”。

研究结果发现，人心平气和时呼出的气，所凝成的水澄清透明，无色、无杂质。而人生气时呼出的气，所凝成的水则会出现紫色的沉淀物。研究者把这“带有紫色沉淀的水”注射到白老鼠身上，老鼠在几分钟后，竟然死了。由此可见，负面情绪的危害性是十分强大的。

美国情绪管理专家帕德斯指出，在平时注意锻炼自己控制情绪的能力，以养成自制的习惯，将有助于在情绪发作时拥有更好的反应能力。

故事解析

无论是谁都会有各种情绪，喜、怒、哀、乐、惧等人类的基本情绪构成了旺盛的生命力和丰富的情感元素。情绪是人的各种感觉、思想与行为的一种综合的生理与心理状态，是对外界刺激而产生的心理反应和附带的生理反应。而人的情绪是可以调控的，保持乐观将会对自己的人生有极大的帮助。

一个人如果心态积极，能乐观地面对人生，乐观地接受挑战，那他就成功了一半。人生的道路都是由心来描绘的。无论自己处于多么严酷的境遇之中，心都不应为悲观的思想所萦绕。我们应该控制好自己的情绪，做自己真正的主人。

故事穿越

一天，美国前陆军部部长斯坦顿跑到林肯这里，气呼呼地说：一位少将居然用侮辱性的话语指责自己偏袒一些人。

林肯建议斯坦顿：你可以写一封内容尖刻的信回敬那家伙，可以狠狠地骂他一顿。

斯坦顿立刻写了一封措辞强烈的信，然后拿给林肯看。

“对了，对了。”林肯高声叫好，“要的就是这个！好好教训他一顿，真写绝了，斯坦顿。”

但是当斯坦顿把信叠好装进信封里，准备邮寄出去时，林肯却叫住他，问道：“你干什么？”

“寄出去呀。”斯坦顿有些不明白林肯为什么问这句话。

“不要胡闹。”林肯大声说：“这封信不能发出去，快把它扔进炉子里去。凡是在生气时写的信，我都是这么处理的。这封信写得好，你在写的时候已经解了气，现在感觉好多了吧？那么就请你将它烧掉，再写第二封信吧。”

故事微语

我们要控制好自己的情绪，不要轻易发脾气。生活中，每个人都难免会碰到不顺心的时候。但是，一定要学会控制好自己的情绪。

一个人要想获得成功，除了必备的常识与能力之外，还要看他是否可以控制好自己的情绪。我们的情绪可以影响我们的生活。为了让我们的生活变得更加幸福，让我们的心情变得更加愉悦，从现在起，我们必须学会控制和化解自己的不良情绪，只有这样，我们的生活才会更加阳光明媚。

心灵箴言

以诚感人者，人亦诚而应。

——程颐

惟诚可以破天下之伪，惟实可以破天下之虚。

——薛瑄

走正直诚实的生活道路，定会有一个问心无愧的归宿。

——[苏联] 高尔基

保持清醒，具有忧患意识

故事话题

狐狸看到野狼卧在草上勤奋地磨牙，便对它说："这么好的天气，大家都在休息娱乐，你也加入吧！"

狼没有答话，而是继续磨牙，将自己的牙磨得又尖又利。

狐狸见状，便奇怪地问："森林里这么静，老虎不在近处徘徊，猎人与猎狗也已经回家了，没有任何危险，你为什么要那么用劲地磨牙呢？"

这时，狼停下来回答说："倘若有一天我被老虎或是猎人追逐，那时，我想磨牙也已经来不及了。而在闲时我就将牙磨好，到时就能够保护自己了。"

故事解析

故事中的狼很清醒，它知道自己在做什么，为什么而准备，也知道防患未然的重要性，这是值得人们学习的。不管是谁，不管做什么事情都应该时刻保持清醒，并做到未雨绸缪、居安思危。只有做到这些，才能在遇到突然降临的危险时，冷静对待而不至于手忙脚乱。

有人常抱怨机会难得，但当机会来临时，却又感到自己平时没有积蓄足够的能力和学识，以致无法胜任，也就只能后悔莫及了。所以让我们时刻保持清醒，努力学好本事，当机会来临的时候便可以轻松地把握住了。

故事穿越

有一种游戏在很多地区特别受欢迎，参加需要交出10块钱，游戏的结果是：你有99.9%的概率会损失10块钱，只有0.1%的概率能够赢得95 000块钱。你是否会参加这种游戏呢？

有人对此做了调查，发现有65%以上的人会选择玩这种具有风险的游戏。而选择玩的理由特别简单，就是虽然这个游戏的风险很高，但即便输了，也就损失10块钱；而如果赢了，却可以得到95 000块钱的高报酬。

事实上，这个游戏的期望报酬率为负值，即使你第一局就赢了95 000块钱，但你若长期玩下去，也是必输无疑。

故事微语

只有保持清醒，才能够清晰地了解周围环境的变化情况，才知道该怎样去做，而做了之后会有怎样的结果。具有忧患意识，才会懂得不冒不值得冒的险。

时刻保持清醒的你，会拥有一颗敏感的心，同时还会拥有敏锐的判断力，知道自己能做什么，又该怎么做。时刻保持清醒，你便不会迷茫、不安、忧虑和慌张，而会冷静地处理所遇到的问题，不盲目乐观或悲观。

心灵箴言

宁可受苦而保持清醒，宁可忍受痛苦而思维，也胜似不进行思维。

——[奥地利] 茨威格

在对生活存在理智的清醒的态度的情况下，人们就能够战胜他们过去认为不能解决的悲剧。

——[俄] 车尔尼雪夫斯基

不管我们的成绩有多么大，我们仍然应该清醒地估计敌人的力量，提高警惕，决不容许在自己的队伍中有骄傲自大、安然自得和疏忽大意的情绪。

——[苏联] 斯大林

且歌且行，让前途充满新意

故事话题

“夫妻店”在日本东京随处可见，并且生机盎然。而这些店的存在通常都有自己很不平常的经营妙方。如有一家卖手帕的“夫妻老店”，因超市里的手帕花色新、品种多，这家店无法与之竞争，生意便日趋清淡。这对夫妻眼见着经营了几十年的老店即将要关门，十分焦虑，感觉度日如年。

一天，坐在小店中漠然注视过往行人的丈夫，看着那些穿着娇艳的旅行者时，突然灵光一现，他忍不住叫出声来。这吓了他老伴一跳，还以为他急疯了，正要去安慰时，只听他喃喃说道：“导游图，印导游图。”他的老伴惊讶地问：“改行？”他摇摇头说：“不、不，手帕上能印山、印水、印花和印鸟，不是也可以印上导游图吗？一物两用，游客们肯定会喜欢！”老伴听后，恍然大悟，连连称是。

于是，这对老夫妻立马向厂家定制一批印着东京交通图与相关风景区图的手帕，并大力宣传。这个点子确实有用，他们的夫妻店绝处逢生，销路大开，并且财运亨通起来。

故事解析

这家卖手帕的夫妻老店之所以能够逆转困境，生意好转起来，是因为店主人运用了创新思维，生产出了新产品，从而扭转了时局。

具有创新精神的企业必须要从现实中出发，只有这样，创新才不会成为冒进，而是企业健康的新生成长。拥有创新的思维，总能让人在不经意间发现有价值的东西，从而创造无限的财富。创新思维即不受常规思路的约束，对问题寻求独特并且全新解答方法的思维过程。

所谓创新即打破旧的、传统的平衡、秩序、规则，是对现有秩序的一种破坏，同时也是人们对事物发展规律认识的拓展、深化与升华，并非随心所欲的标新立异与主观臆测。我们在日常生活中也要努力培养自己的创新意识，且歌且行，让自己的前途充满新意。

故事穿越

有4个推销员接到去寺庙推销梳子的任务。第一个去的推销员空手而归，他说："庙里的和尚说自己没有头发用不到梳子。"因此，他一把也没有推销出去。

第二个去的推销员，推销出了十多把。他说："我跟和尚们说，头发要经常梳，这样可以止痒；头不痒也需要梳，经常梳能够活络血脉，对健康有益。念经念累时，梳梳头可保头脑清醒。"这样他就推销出了十来把梳子。

第三个去的推销员，推销出了百十把。他说："我到庙里后，对老和

尚说，您看在那里烧香磕头的香客是多么的虔诚，但磕了几个头后头发就乱了，而香灰也落在了他们的头上。您如果放些梳子在每个庙堂的前堂，香客们磕完头起来还能梳梳头，这样他们就会觉得这个庙关心香客，他们下次肯定还会再来。”如此一来便推销出了百十把梳子。

最后一个去的推销员，推销出了好几千把。他说：“我跟庙里的老和尚说，庙里时常接受香客的捐赠，有时也得回报给香客啊，买梳子送给香客就是最便宜的礼物。您可以将寺庙的名字写在梳子上，然后再写上‘积善梳’3个字，并说这能够保佑对方。将梳子作为礼品储备在那儿，送给来进香的香客，保证庙里的香火更旺。”第四个推销员就这样成功推销出了几千把梳子。

再后来，第四个推销员又有了一些新创意。在一个月后的清晨，他带着1000把梳子又去那座庙里拜见老方丈。待双方施礼后，推销员先是询问了方丈之前所购买梳子的赠送情况，见方丈十分满意以往的合作，推销员便话锋一转，对方丈深施一礼说：“方丈，今日在下要为您做一件功德无量的大好事!”

待方丈询问缘由，这位推销员便向方丈描绘了自己的宏伟蓝图：“寺庙年久失修，很多佛像也早已破旧不堪，想必重修寺庙、重塑佛像金身是方丈的毕生心愿，但无钱难以铭志。”方丈若有所思，点头称是。

接着，推销员便拿出了自己带来的1000把梳子，并将其分成两组，一组写着“智慧梳”，另一组写着“功德梳”；这批梳子比方丈先前购买的，显得更为精致大方。

推销员向方丈建议道：“方丈可在大堂中贴下这样的告示：‘凡到本院香客，如捐赠10元善款，可获高僧施法的一把智慧梳，每日梳理头发，智慧源源不断；如捐赠20元善款，可获方丈亲自施法的一把功德梳，拥有功德梳，功德常坐，一生平安’等。这样，每天按照3000香客计算，如果有1000人购买功德梳，1000人购买智慧梳，每天便可得约3万元善款，扣除每把8元的梳子成本，一天就可净余善款1.4万元。这样算来，每月就可筹得40多万元的善款，而不出一年，方丈即可梦想成真，岂非功德无量?!”

这位推销员讲的是兴致勃勃，而方丈则听得心花怒放，两人一拍即合，方丈当即购下了那1000把梳子，同时还签订了长期供货的协议。这样一来，这间寺庙便成了这个推销员的专卖店了。

故事微语

我们可以从这个故事中看出，不同的人思考的方式与角度不同，得到的感悟与启发也是不一样的。那个一把梳子也没有推销出去的推销员，在思考问题时没有创新精神。而后面几个推销员都相对的进行了观念创新，变换了思考的角度，故都取得了一定的成绩，但因创新的程度不同，所以销售的成绩也不同。

第四个推销员最为成功，是因为他完全突破了梳子只能用来梳头的限制，而将梳子作为赠品，他的这一创新观念为自己带来了丰厚的利益。他之后的新创意之所以能够获得成功，就在于他的观念创新，有别于累了梳头、积善的感谢之物，将梳子作为佛祖保佑平安的宝物卖给带着来虔诚进香的香客，让他们得到精神安慰与心理满足，这无疑非常成功。

主动改变观念，才可能收获意想不到的财富。观念不创新，管理、制度以及技术就都很难创新，因此可以说观念创新是一切创新的向导与前提，而它对企业的发展有着非常深远的影响。

心灵箴言

创新就是创造性的破坏。

——[奥地利] 熊彼特

创新是科学房屋的生命力。

——[美] 阿西莫夫

对于创新来说，方法就是新的世界，最重要的不是知识，而是思路。

——郎加明

心灵榜样微史话

廉颇

廉颇，生卒年不详，嬴姓，廉氏，名颇，山西太原人。战国末期赵国的名将，与白起、王翦、李牧并称“战国四大名将”。曾率兵讨伐齐国，取得大胜，夺取了晋阳，赵王封他为上卿。廉颇因为勇猛果敢而闻名于诸侯各国。长平之战前期，他以固守的方式成功抵御了秦国军队。长平之战后，又击退了燕国的入侵，斩杀燕国的栗腹，并令对方割五城求和。公元前 251 年，他战胜燕军，任以为相国，封为信平君。至赵悼襄王时，由于不得志，他先后投奔魏国大梁和楚国，奔魏居大梁，后老死于楚，葬于寿春。

唐德宗时将廉颇等历史上六十四位武功卓著的名将，供奉于武成王庙内，被称为武成王庙六十四将。宋徽宗时追尊廉颇为临城伯，位列宋武庙七十二将之一。

刘邦

刘邦，江苏沛丰邑中阳里人，汉朝开国皇帝，汉民族和汉文化伟大的开拓者之一，中国历史上杰出的政治家、卓越的战略家和指挥家。对汉族的发展，以及中国的统一和强大有突出贡献。

刘邦出身农家，为人豁达大度。历任沛县泗水亭长、沛公、汉王。公元前 206 年，刘邦军进驻霸上，秦王子婴向刘邦投降。秦朝灭亡。刘邦废秦苛法。鸿门宴后封为汉王，统治巴蜀地及汉中一带。他知人善任，注意纳谏，能充分发挥部下的才能，又注意联合各地反对项羽的力量，击败西楚霸王项羽后，统一天下。公元前 202 年，刘邦于荥阳氾水之阳即皇帝位，定都长安，史称西汉。

登基后一面消灭韩信、彭越、英布、臧荼等异姓诸侯王，又裂土分封九个同姓诸侯王。另一面建章立制并采用休养生息之宽松政策治理天下。

毛泽东对刘邦的评价是“封建皇帝里边最厉害的一个”。

诸葛亮

诸葛亮，字孔明，号卧龙，汉族，徐州琅琊阳都人，三国时期蜀汉丞相，杰出的政治家、军事家、散文家、书法家、发明家。在世时被封为武乡侯，死后追谥忠武侯，东晋政权因其军事才能特追封他为武兴王。其散文代表作有《出师表》、《诫子书》等。

诸葛亮曾发明木牛流马、孔明灯等，并改造连弩，叫作诸葛连弩，可一弩十矢俱发。于建兴十二年在五丈原逝世。被追谥为忠武侯，故后世常以武侯、诸葛武侯尊称诸葛亮。

诸葛亮作为蜀国的丞相，安抚百姓、遵守礼制、约束官员、慎用权利，对人开诚布公、胸怀坦诚。“鞠躬尽瘁、死而后已”，是中国传统文化中忠臣与智者的代表人物。

王羲之

王羲之，字逸少，汉族，东晋时期著名书法家，有“书圣”之称。祖籍琅琊，后迁会稽山阴，晚年隐居剡县金庭。历任秘书郎、宁远将军、江州刺史，后为会稽内史，领右将军。其书法兼善隶、草、楷、行各体，精研体势，心摹手追，广采众长，备精诸体，冶于一炉，摆脱了汉魏笔风，自成一家，影响深远。风格平和自然，笔势委婉含蓄，遒美健秀。代表作《兰亭序》被誉为“天下第一行书”。在书法史上，他与其子王献之合称为“二王”。王羲之书法影响了一代又一代的书苑。

唐代的欧阳询、虞世南、褚遂良、薛稷和颜真卿、柳公权，五代的杨凝式，宋代苏轼、黄庭坚、米芾、蔡襄，元代赵孟頫，明代董其昌，这些历代书法名家对王羲之心悦诚服，因而他享有“书圣”美誉。

李嘉诚

李嘉诚，原籍广东潮州潮安 ，祖籍福建莆田，长江实业集团有限公司董事长。

1958 年开始投资地产。1979 年购入老牌英资商行“和记黄埔”，成为首位收购英资商行的华人。1981 年获选“香港风云人物”和太平绅士。1989 年获英国女王颁发的 CBE 勋衔、1992 年被聘为港事顾问、1993 年度香港风云人物、1995 年至 1997 年任特区筹备委员会委员。自从 1999 年被福布斯评为全球华人首富以来，连续 15 年蝉联华人首富宝座。

2011 年，李嘉诚功夫茶传奇故事入选国家孔子学院汉语外教文章。2014 年《福布斯》杂志公布的全球富豪排名，李嘉诚的净资产总值高达 310 亿美元，蝉联亚洲首富，全球排行第 20 位。2014 年 3 月，李嘉诚将屈臣氏股份近 25%作价 440 亿港元卖给新加坡主权基金淡马锡，在 8 个月中已套现超过 710 亿港元。

2014 年 3 月，出版相关传记《李嘉诚：成功没有偶然》。

洛克菲勒

约翰·戴维森·洛克菲勒，美国慈善家、资本家，1870 年创立标准石油，也是上世纪第一个亿万富翁。在他漫长的一生中，其评价毁誉参半。他极为沉默寡言、神秘莫测，一生都在各种不同角色和层层神话的掩饰下度过。

《福布斯》网站曾公布过“美国史上 15 大富豪”排行榜，最终约翰·洛克菲勒名列榜首。1870 年他创立了标准石油，在全盛期他垄断了全美 90%的石油市场，成为美国第一位十亿富豪与全球首富。他也普遍被视为人类近代史上首富，财富总值折合今日之 4000 亿美元以上。洛克菲勒在他人生的后 40 年致力于慈善事业，主要是教育和医药领域。他在 1897 年正式结束对标准石油的直接管理，但保持了大部分的股权。

哈默

亚蒙·哈默，1919 年在哥伦比亚大学获文学士学位时，接管了父亲的制药厂。1921 年获得医学博士学位时，已拥有 200 万美元的资产，成为一名学生企业家。随后，他去了前苏联，为两国的贸易和矿物开发做了大量的工作；同时还在前苏联建立了铅笔生产厂，把美国成功的管理经验传授给这家工厂。

1931 年，哈默返回美国，创建了现代化酒桶厂和种牛牧场。1956 年购买了西方石油公司，开创了西方世界的又一个石油王国。

哈默在前苏联期间与列宁建立了友谊；与美国几届总统、外国首脑、王公贵族、将军及教皇等都有过交往；他还曾多次访问过中国，与中国进行生意上的合作，为中国少年儿童基金会捐款。他耗费巨资和精力收藏了大量的艺术珍品，并又把它们作为人类共同的财富，送到世界各地展出。因此，人们又称他为政治外交型企业家。

丘吉尔

温斯顿·伦纳德·斯宾塞·丘吉尔，英国历史学家、政治家、画家、演说家、作家、记者，其所著《不需要的战争》获 1953 年诺贝尔文学奖，著有《第二次世界大战回忆录》6 卷、《英语民族史》4 卷等。历史上掌握英语单词词汇量最多的人之一，被美国杂志《展示》列为近百年来世界最有说服力的八大演说家之一，曾荣获诺贝尔和平奖提名。

1940 年—1945 年、1951 年—1955 年期间曾两度任英国首相，被认为是 20 世纪最重要的政治领袖之一，带领英国获得第二次世界大战的胜利。1929 年至 1965 年临终，连续 36 年担任英国布里斯托大学校长。2002 年，BBC 举行了一个名为“最伟大的 100 名英国人”的调查，结果丘吉尔获选为有史以来最伟大的英国人。

沃森

詹姆斯·沃森，美国生物学家，美国科学院院士。1928 年生于芝加哥。1947 年毕业于芝加哥大学，获学士学位，后进印第安纳大学研究生院深造，1950 年获博士学位，后去丹麦哥本哈根大学从事噬菌体的研究，1951 年—1953 年在英国剑桥大学卡文迪什实验室进修，1953 年回国，1953 年—1955 年在加州理工大学工作，1955 年去哈佛大学执教，先后任助教和副教授，1961 年升为教授。在哈佛期间，主要从事蛋白质生物合成的研究。1968 年起任纽约长岛冷泉港实验室主任，主要从事肿瘤方面的研究。1951 年—1953 年在英国期间，他和英国生物学家 F.H.C.克里克合作，提出了 DNA 的双螺旋结构学说。它被认为是生物科学中具有革命性的发现，是 20 世纪最重要的科学成就之一。

由于提出 DNA 的双螺旋模型学说，沃森和克里克及 M.H.F.威尔金斯一起获得了 1962 年诺贝尔生理学或医学奖。著有《基因的分子生物学》《双螺旋》等书。

心灵修养用语微解

改变：1. 事物变得和原来不一样。鲁迅《祝福》：“然而这一回，她的境遇却改变得非常大。”2. 改换，更改。例句：室内布置改变一下，给人一种新鲜舒适感。

合作：共同创作；共同从事；二人或多人一起工作以达到共同目的；联合作战或操作。出处:《国语·晋语三》：“杀之利。逐之，恐搆诸侯；以归，则国家多慝；复之，则君臣合作，恐为君忧。不若杀之。”

付出：1. 交出。例句：懂得付出的人是最懂爱的人，也是最幸福的人。2. 支付，支出。企业在生产经营过程中为获得另一项资产、为清偿债务所发生的资产的流出。3. 付出辛勤的劳动。例句：妈妈为这个家付出很多。

洒脱：道家哲学。形容非常潇洒、豪放，无拘无束，举止或行动自然，不受拘束。《老残游记续集遗稿》第六回：“我看逸云那人洒脱得很。”郭沫若《芍药及其他·银杏》：“那是多么的嶙峋而又洒脱呀，恐怕自有佛法以来也不曾产生过像你这样的高僧。”

奋斗：为达到一定目的而努力干。奋斗是为一个目标去战胜各种困难的过程，这个过程会充满压力、痛苦、挫折。《宋史·吴挺传》：“金人舍骑操短兵奋斗，挺遣别将尽夺其马。”清·黄轩祖《游梁琐记·剑术》：“约食顷，翁又来，女奋斗益厉，至夜终无胜负。”

拼搏：豁出性命，进行激烈的搏斗。比喻尽最大的力量，用自己的所有不顾一切地极度努力，去实现自己的目标。“拼”者——为达目的不惜代价，乃至于付出生命代价者为“拼”。“搏”者——在没有可能或可能性极小成功的情况下，放手一试者为“搏”。

激励：激发和鼓励的意思，是管理过程中不可或缺的环节和活动。

有效的激励可以成为组织发展的动力保证，实现组织目标。它有自己的特性，它以组织成员的需要为基点，以需求理论为指导；激励有物质激励和精神激励、外在激励和内在激励等不同类型。

双赢：来自于英文的中文翻译。营销学这样认为，双赢是成双的，对于客户与企业来说，应是客户先赢企业后赢；对于员工与企业之间来说，应是员工先赢企业后赢。双赢强调的是双方的利益兼顾。“双赢”模式是中国传统文化中“和合”思想与西方市场竞争理念相结合的产物。

希望：心中最真切的幻想、盼望、期望、愿望。期望达到的某种目的或出现的某种情况。《后汉书·李固传》：“初，顺帝时所除官，多不以次，及固在事，奏免百余人。此等既怨，又希望冀旨，遂共作飞章虚诬固罪。”《续资治通鉴·宋仁宗至和元年》：“洙常希望上旨，以意裁定。”

勤奋：坚持不懈、积极、努力地(工作或学习)。平步青《霞外攟屑·掌故·林西厓方伯》：“似此勤奋出力之员，岂可拘其家世，不加奖励。”巴金《探索集·探索之四》：“我还是要写作，而且要更勤奋地写作。”近义词：勤勉、辛勤、勤劳。反义词：懒惰、懈怠、怠慢、怠惰、疏懒、懒散。

勤奋：坚持不懈、积极、努力地工作或学习。平步青《霞外攟屑·掌故·林西厓方伯》：“似此勤奋出力之员，岂可拘其家世，不加奖励。”巴金《探索集·探索之四》：“我还是要写作，而且要更勤奋地写作。”近义词：勤勉、辛勤、勤劳。反义词：懒惰、懈怠、怠慢、怠惰、疏懒、懒散。

收获：原指取得成熟的农作物，比喻心得、成绩、战果等。荀悦《汉纪·文帝纪八》：“力耕数芸，收获如寇盗之至。”孔贞运《明资政大夫兵部尚书节寰袁公墓志铭》：“迨秋奴复至，南卫收获，大肆侵略。公命将设伏，乘风纵火刍茭，糗粮尽归一炬。”沈复《浮生六记·闺房记乐》：“我闻山果收获，必借猴力，果然。”

集思广益：集中群众的智慧，广泛吸收有益的意见。出处：三国蜀·诸葛亮《教与军师长史参军掾属》：“夫参署者，集众思，广忠益也。”

劳逸结合：逸：安乐、休息。工作与休息相结合。出处：邓小平《关于科学和教育工作的几点意见》：“搞好劳逸结合，不仅不会降低而且有助于提高教学质量。”例句： 我们工作中要注意劳逸结合，提高工作效率。

自寻烦恼：自找的烦闷苦恼。意思是，本来不该有烦闷苦恼。曹雪芹《红楼梦》第四十九回：“每天好好的，你必是自寻烦恼，哭一会子，才算完了这一天的事。”巴金《家》六：“他不能够说服她们，他又何必自寻烦恼，浪费精力呢？”

换位思考：是设身处地为他人着想，即想人所想、理解至上的一种处理人际关系的思考方式。人与人之间要互相理解、信任，并且要学会换位思考，这是人与人之间交往的基础：互相宽容、理解，多去站在别人的角度上思考。

高山流水：比喻知音难觅[自己知音]。也比喻乐曲高妙。出自战国·郑·列御寇《列子·汤问》：“伯牙鼓琴，志在高山，钟子期曰：‘善哉乎鼓琴，巍巍乎若泰山！’少选之间，而志在流水，钟子期曰：‘善哉乎鼓琴，洋洋乎若江河！’伯牙所念，钟子期必得之。”